菜用大豆生产及保鲜技术

李玮瑜　王维香　路 平　编著

中国农业科学技术出版社

图书在版编目（CIP）数据

菜用大豆生产及保鲜技术／李玮瑜，王维香，路平编著．—北京：中国农业科学技术出版社，2019.7

ISBN 978-7-5116-4216-5

Ⅰ.①菜… Ⅱ.①李…②王…③路… Ⅲ.①豆类蔬菜-蔬菜园艺②豆类蔬菜-食品保鲜 Ⅳ.①S643.7

中国版本图书馆 CIP 数据核字（2019）第 100191 号

责任编辑	徐　毅
责任校对	李向荣

出 版 者	中国农业科学技术出版社
	北京市中关村南大街 12 号　邮编：100081
电　　话	（010）82106631（编辑室）　　（010）82109702（发行部）
	（010）82109709（读者服务部）
传　　真	（010）82106650
网　　址	http://www.castp.cn
经 销 者	各地新华书店
印 刷 者	北京建宏印刷有限公司
开　　本	880mm×1 230mm　1/32
印　　张	7.5
字　　数	280 千字
版　　次	2019 年 7 月第 1 版　2019 年 7 月第 1 次印刷
定　　价	30.00 元

《菜用大豆生产及保鲜技术》
编著委员会

主编著： 李玮瑜　　王维香　　路　平

副编著： 孙运金（北京农学院）

聂海生（北京绿富农果蔬产销专业合作社）

钱朝华（北京市怀柔区种植业服务中心）

宋丽新（北京桃山月亮湖种养殖专业合作社）

王海文（北京宏栗园柴鸡专业合作社）

参编著： 周思达　　赵新玉　　张梦玉

崔丽娥　　王　博　　王靖萱

田森雅　　开比努尔·麦麦提赛来

聂理森　　李　琳　　梁星宇

古丽尼嘎尔·阿布德列依木

马静宇　　刘玉姝　　李伯尧

目　　录

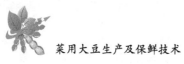

第一章 概　述

第一节　菜用大豆基本信息及发展历史

菜用大豆是一年生草本植物，豆科（*Leguminosae*）大豆属的栽培种，别名毛豆（或青毛豆），日本称为枝豆（或啤酒豆），韩国称为 Poot kong，泰国称为 Turag。

菜用大豆是一种特用大豆，是指在 R_6（鼓粒盛期）至 R_7（初熟期）生育期采青食用的大豆。此时豆荚鼓粒饱满，荚色、子粒呈翠绿色，籽粒填充 80%~90%，还没有达到完全成熟。也就是说，菜用大豆是未出现黄叶而粒荚最大时收获的大豆，属于大豆的专用型品种。菜用大豆区别于普通大豆的关键特点是粒大、含糖量高和亮绿色。

中国是世界上最早食用菜用大豆的国家，种植大豆已有千年以上。在中国古代，大豆子粒是主要的粮食，叶作为蔬菜用，大豆的籽粒、茎、叶、荚也用作动物饲料。在东汉年间已有大豆医用的记载。与此同时，中国古代人们有丰富的大豆食品加工技艺，大豆逐渐由主食扩展到副食，这使得日后大豆青荚采收和菜用大豆鲜食变得很自然。通过史料考证，直到宋代（12 世纪）开始有采摘青豆荚作为菜用，并在村店出售的记载。"毛豆"一词最早出现在明代文献中（17 世纪），当时人们不仅食用青豆荚或青豆，而且食用熏青豆。

20 世纪 40 年代末，我国台湾省开始进行菜用大豆的生产，作为特种蔬菜栽培已有 60 多年的历史，育成了一批优质菜用大

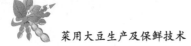

豆品种，如台湾 290、台湾 292、台湾 75、高雄系列品种等。20世纪 80 年代以后，菜用大豆成为台湾农产品出口量第一的作物。日本是开展菜用大豆育种较早的国家之一，已选育出许多优良品种，如大大茶、平床、早生绿、札幌绿。

我国大陆对菜用大豆的研究起步较晚，自 20 世纪 80 年代以来，相继育成了一些菜用大豆品种，如江苏省徐淮地区淮阴农业科学研究所的楚秀、安徽省农业科学院的新六青、浙江省农业科学院的瑞丰、辽宁省农业科学院的辽鲜 1 号、东北农业大学的东农 298、上海交通大学的 95-1、中国科学院东北地理与农业生态研究所的中科毛豆 1 号和中科毛豆 2 号等。

第二节　菜用大豆营养价值

菜用大豆是味美健康的蔬菜，其干豆粒蛋白质含量达 47.4%，高于猪、牛、羊肉和鸡蛋。每 100g 嫩豆粒含干物质 31～43g、蛋白质 13.6～17.6g、脂肪 5.7～7.1g、胡萝卜素 0.2mg，菜用大豆还含有丰富的矿物质，100g 鲜豆含钙 100mg、磷 219mg、铁 6.4mg。鲜粒、干豆粒均可做菜用，是日本和中国的传统食品，在东亚地区消费极多。它具有糯脆香甜口感，风味清香，可炒食、凉拌，加工制罐或速冻加工出口。成熟的干豆可加工制成种类繁多的豆制品，还可制成黄豆芽菜，而成为一年四季主要蔬菜品种。营养学家的研究表明，菜用大豆富含维生素 A、维生素 B$_1$、维生素 B$_2$、维生素 C、维生素 E、胡萝卜素、蛋白质、不饱和脂肪酸、纤维、多种游离氨基酸、多种挥发性物质、异（类）黄酮化合物和人体必需的矿物质如磷、钙、铁等，较易被人体吸收利用，对肥胖病、高血压、乳腺癌、前列腺癌、骨质疏松、糖尿病、心血管疾病等有预防和辅助治疗的作用，也对调节人们膳食结构和改善营养状况具有重要作用。因为营养价值高，食用口感好，菜用大豆被誉为美味、富营养的绿色保健蔬菜，深受国内外广大消费者的喜爱。此外，种植菜用大豆的经济效益一般比普通大豆高 2~3 倍，若加工出口，经济效益更好，因此，发展菜用大豆将是我国大豆产业突破的重要途径之一。

第三节　菜用大豆生产发展概况

菜用大豆的开发利用是一个新兴产业，在 20 世纪 80 年代以来的农业产业结构调整中，已逐渐成为中国东南沿海地区重要的农业支柱产业。

一、菜用大豆生产发展的优势

1. 菜用大豆市场需求增大，加速了其产业化进程

随着人民生活水平的不断提高和保健意识的增强，菜用大豆的市场逐步拓展，通过合理搭配品种等，新鲜菜用大豆的供应期可从 5 月中旬一直延续到 11 月中旬，充分显示了菜用大豆市场潜力。另外，速冻菜用大豆又是出口创汇产品，进一步促进了菜用大豆生产的发展。

2. 种植业结构的调整，提供了市场机遇

种植业结构的调整，使农民可以按市场需求安排各种作物，菜用大豆具有节工省本，生育期短、利于后作等优点而逐渐显示出强大的生命力。近十几年来，菜用大豆的生产和市场得到迅速发展。目前栽培面积 10 万~15 万 hm²，平均单产 5t 左右（韩天富），主产区为浙江省、福建省、江苏省等沿海地区。我国速冻毛豆出口量约占世界速冻毛豆出口总量的 52.0%。主要出口到日本、美国、澳大利亚和欧洲各国。

3. 科技进步为菜用大豆产业化提供了支撑

优质早熟菜用大豆的引进和培育，拓展了菜用大豆市场；小

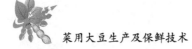

拱棚覆膜栽培技术的应用，可使菜用大豆提早上市，经济效益明显提高；早播、密植、增肥高产栽培技术使菜用大豆单产跨上新台阶。另外，塑料大棚栽培技术、育苗移栽技术等的应用，促进了菜用大豆早播、早收和提早上市，利用时间差、地区差，增值增收；多种种植模式创新，更进一步发挥了菜用大豆的产业价值。近几年来，普遍采用的较为成功的模式主要有青菜—菜用大豆—青菜，蚕豆—玉米间种大豆—大白菜或小麦—玉米间种大豆—马铃薯，水稻—菜用大豆。

二、菜用大豆生产发展存在的问题

菜用大豆产业化发展还存在一些问题。主要表现如下。

1. 菜用大豆优质高产抗病品种比较少

品种类型单一，尚不能满足不同生产类型的需要品质有待进一步提高，特别是对品质性状的遗传学研究还有很多工作要做，抗逆性较差，特别是抗病性是急待解决的问题。

目前引进推广的品种多属于春大豆，熟期相近，采收期短，上市季节货源过于集中，有时造成销售不畅。引进的日本品种早熟，食味品质好，但植株矮小，多数品种对大豆花叶病毒病的抗性差，急需选育和引进抗病品种。在南方主产区，适宜立夏、秋季栽培的菜用大豆品种相当缺乏。此外，为满足保护地栽培的需要，迫切需要筛选培育苗期耐低温、耐湿、耐弱光、亚有限结荚习性的品种。

2. 种子质量低劣，成本高

南方菜用大豆主产区春毛豆种子成熟季节高温多雨，种子在成熟过程中胚萌芽或劣变，发芽率低。在浙江省用春播菜用大豆留种到翌年春季播种时的发芽率只有 10%~30%。福建省采用"以秋倒秋"的方法反季繁殖大豆种子，即春大豆秋播，除满足翌年春播用种外，其余用于来年秋播繁种。一般 80% 的种子在来年春播，20%用于秋繁。春大豆秋繁留种可保证种子质量，但产量较低，价格较为昂贵。在福建等地，秋繁留种还存在秋播烂种和种子变小的问题。部分育种单位和企业在北方和西部地区建立菜用大豆繁种基地，取得较好效果，但也发现部分绿种皮大豆在北方繁种有种皮颜色变浅且不一致的问题。

3. 生产规模小，面积波动大

目前，中国南方菜用大豆生产仍然以家庭农户为主，生产规模大、集中连片种植的农场或专业户还不多见，造成生产成本较高，且难以保证质量。此外，市场秩序较为混乱，市场过大时，价格下跌，豆农收入减少，产品供不应求时，价格上涨，出口企业原料不足，竞相抢购，难以保证质量，影响企业的信誉和效益。要提高市场竞争力，菜用大豆加工企业应建立较为稳定的生产基地，通过合同方式保证原料的质量和数量。保障豆农的利益，共同抵御市场风险。

4. 菜用大豆真正市场体系尚未建立，价格波动较大

目前，菜用大豆销售主要以农民直销和个体户贩销为主，缺乏正常供销渠道和龙头企业，由于种植规模、面积、上市时间、市场容量等原因，引起价格波动的现象依然存在，保证稳定供应市场的高产配套栽培技术体系尚未形成。

5. 加工工艺不过关，制约着产业化发展

菜用大豆初加工的颜色和品质还未达到出口标准，影响创汇；手工采摘豆荚费工费时，机械采收还存在一些技术难题。

三、菜用大豆生产发展前景

菜用大豆与收获干籽的大豆相比，具有生育期短、利于后作、经济效益和营养价值高等优点，可充分利用闲暇劳动力，调整种植结构，因而产业化前景广阔。随着国外市场的进一步开拓及人们的生活水平提高，菜用大豆生产规模将随着城乡居民对健

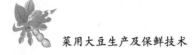

康食品需求量的不断增大而逐步扩大。在过去的十几年里，我国菜用大豆的生产和出口发展迅速，现已成为世界上最大的菜用大豆生产国和出口国；速冻菜用大豆已成为东南沿海地区重要的出口农产品。我国劳动力价格较为低廉，土地资源相对充足，种植及消费菜用大豆的历史悠久；距主要进口国较近，且具有较强的加工能力。近几年，我国科技人员加大了菜用大豆的栽培研究，显著提高了菜用大豆的产量和品质，同时，研究建立了菜用大豆与蔬菜、粮食作物的多种轮作茬口模式，有效地推进了我国农业种植业结构的调整。今后，应进一步加强菜用大豆新品种选育、栽培、加工、储藏技术等方面的研究，尽快解决抗病性、适应性和品质欠佳等问题，向规模化、集约化、机械化方向发展，挖掘菜用大豆的增产增效潜力，提高菜用大豆产业化水平。

第四节　菜用大豆致富故事

故事一：童发红种菜用大豆创业

连日来，在浙江省龙游县塔石镇西何畈你总能看到这样一个场景：成片的菜用大豆地里，五六十人坐在小板凳子上，每人面前放着一个桶，利索地摘着豆荚。这个菜用大豆基地的主人是童发红，他靠种菜用大豆创业，年收入百余万元，还带动了周边农民增收。

看到童发红，只见他上身穿着一件咖啡色的夹克，下身是一条灰黑色的休闲裤，两只裤脚上还沾着泥巴。说起种菜用大豆，50岁的童发红打开了话匣子："我种毛豆快30年了。"他说，从1989年到萧山钱江农场打工种菜开始，从打工者到管理农场再到承包家庭农场，一直都在种毛豆。

2011年，因为萧山的土地流转成本高，童发红决定回老家创业。做什么呢？考虑再三，他决定还是干自己的老本行：种毛豆。刚开始，童发红在塔石镇钱家村流转了 300 余亩①土地种毛豆。他说，当时那片土地是烂泥田，土质不好，根本不适合种毛豆，他就每天琢磨怎么改善土质。后来，他找人清沟、起垄、建排涝沟渠，想办法创造种植条件。当年，他种植的毛豆就取得了丰收，卖了 70 多万元。在老家种毛豆成功后，童发红的种豆之路如同开挂一般，年年大丰收。2018 年，童发红在钱家村种的 800 多亩毛豆收成喜人，亩产达到 750kg，亩均收入 3 000 元。"估计净利润在 120 万元左右。"童发红笑呵呵地说。

"现在说起来轻松，但是一路走来，我没少花心思，也有很多人帮了我。"童发红说。2016 年，童发红在当地政府的帮扶下新建了一座 200m³ 的冷库用作毛豆保鲜，解决了销售上的一些难题。2017 年，镇里对农田沟渠进行加固，灌溉排涝功能增强后，他的毛豆田也受惠了。"像现在采收季，得益于农田间的水泥路，大卡车可直接开到田头来收购，非常方便，而且节约了不少成本。"他说。

当然，做农业，也少不了农业、气象等部门的帮扶。童发红今年种的毛豆是从萧山引进的，当时经农业部门技术人员的检测检验，确定 90% 的发芽率后，他才放心地大面积播种。"及时的天气预报也很重要。"童发红说，"2017 年 8 月 19 日，当地遇到了强对流天气，两小时降水 146mm。那天，我本来准备播种的，还好提前收到气象部门发给我的短信，不然那些种子就被雨水冲走了。那是最后一批种子，冲走了就没有了，20 多亩地，就要损失六七万元。"

得到大家帮助的童发红自己创业致富了，也不忘记附近的村民。与童发红同村的余晓娟今年 60 岁，常年在基地里帮忙。

---

① 1亩≈667平方米。全书同

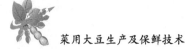

"一年下来有1万多块钱的收入。"她说。每到毛豆采收季，童发红的基地里每天都有百余人为他摘豆，仅支付人工费一项就得五六十万元。"再加上一年四季在基地干活的工人工资，一年下来，仅是支付工资少说也要100万元。"童发红说。除了带动附近村民增收，童发红还向周边村民无偿提供种豆技术。据了解，附近有1 000余亩地的毛豆是由童发红提供技术指导的。"我希望把周边空闲的田地都流转来种毛豆，也可以农户自己种，我免费提供技术指导，做大塔石的时鲜毛豆产业，吸引更多的客商前来。同时，可以让更多的农户通过种毛豆增收。"童发红憧憬着未来发展之路。

故事二："毛豆经纪人"娄培金

在江苏省的新沂，有这样一群特殊的农民，他们一头连着千家万户的农民，一头连着千变万化的市场，并主动求变规避市场风险，寻求利益最大化，这群特殊的农民有个很洋气的名头："毛豆经纪人"。而催生出这一特殊职业的却是在菜场里再平常不过的毛豆。

草桥镇纪集村，村民娄培金是毛豆购销大户，每年要运出8 000t。在这个村，像娄培金这样的"毛豆经纪人"就有40多人，他们奔波在全国各大城市，不断开拓市场，宣传新沂毛豆。在他们的影响下，纪集村几乎都种植毛豆，每一茬可以给农户带来2 500元的纯收益。在临近草桥镇的窑湾镇王场、陆口、土楼等村，一大批"毛豆经纪人"也活跃在毛豆购销点，每天都有湖南、湖北、山东等10多个省的青毛豆营销商前来采购窑湾镇青毛豆，日销售量达6 500t左右。

记者了解到，草桥镇有着多年鲜食毛豆种植历史，沂蒙冲积平原的土质、沂河骆马湖的水质造就了独特的草桥鲜食毛豆生长环境。全镇毛豆轮作种植面积达1.2万亩，春季可种植2~3季，并且种植灵活、成本不高、管护简单，可有效利用成片田及零散地块种植。由于独特的土壤水质环境，果粒饱满成熟，单季亩产达 1 000kg，今年均价每斤达 2 元，除去成本，预计亩均效益达 2 000 元，按年均 2 季计算，年亩均效益达 4 000 元，是传统粮食种植的 3~4 倍，成为名副其实的富民产业。

"通过我们多年对全国毛豆市场的开拓以及草桥毛豆的优秀品质，草桥毛豆在华东地区农产品市场有口皆碑，全国除了西藏，其他所有省市草桥毛豆都已销售到。"娄培金如是说。

新沂从 20 世纪 90 年代就开始种植鲜食毛豆，主要是面对周边市场，随着种植面积的扩大，本地消费趋于饱和。娄培金决定把青毛豆运到上海销售。不料到了上海，却遇到了麻烦。上海人对青毛豆不甚了解，所以，根本无人问津。娄培金着急了，买回两口大锅，一锅用清水煮毛豆，另一锅做起了最受新沂人欢迎的"菜渣豆腐"，即把青豆打碎成豆糊糊，加大量的绿叶菜做成。这道菜保存了豆子的全部营养和滋味。"嘴刁"的上海市民品尝到这一美味健康的菜肴，奔走相告。由于"菜渣豆腐"制作简单、营养丰富，一车 10 多 t 的青毛豆半天便销售一空。

靠一道菜打开上海市场的"销售经"给了"毛豆经纪人"很大启发，他们边和当地厨师开发毛豆的各种吃法，边把这些吃法向全国推广。盐水毛豆、五香毛豆、毛豆炒肉、肉末番茄烧毛豆、清炒毛豆等 30 多种吃法很快在全国各地打出一片天地。

"我们通过政府、合作社、大户来调节，从品种种植上，第一茬毛豆选用早熟品种，上市比较早，在外地毛豆上市之前，先销售一批，在之后的 1 个月里，外地毛豆大量上市，市场销售价格低，所以我们本地的毛豆避开上市季节，待外地毛豆销售结束，价格回升，那时我们本地再开始上市。"窑湾农经中心主任曹天辉告诉记者，为了因地制宜建立本土产业群，新沂市力推青毛豆种植模式变革，目前形成"一年三熟"毛豆、"花生"毛豆、"大蒜"毛豆等特色种植模式，成功避开鲜食毛豆种植高峰期。

在这条产业链上，"毛豆经纪人"的作用凸显出来。他们根据营销合作组织及种植大户在全国各大市场信息反馈，整合媒体市场信息综合分析，组织农业技术员深入田间地头、农户家中，指导农户引进新品种，调整种植模式。眼下，新沂市菜用毛豆面积达 7.5 万余亩，产值 1 亿元以上。

当地政府积极鼓励毛豆经纪人走出新沂、走出江苏，扩大种植面积，目前与山东省、安徽省及周边县市农户签订种植收购毛豆合同。建立毛豆交易市场，草桥镇成为华东地区最大鲜食毛豆集散销售基地，年销售量达 260 万 t，产品远销黑龙江、吉林、辽宁、福建、浙江、山西、安徽、北京、上海等省市，出口日本、韩国。

据农委相关负责人介绍，下一步，新沂将以毛豆产业为龙头，拼市场、建基地、创品牌，进一步延伸产业链，多措并举，打造"北有寿光，南有新沂"的蔬菜产业，成为全国大型蔬菜生产集散地。

第二章　菜用大豆的生物学特性

第一节　植物学特性

菜用大豆为豆科一年生草本植物。植株高 30～150cm，茎粗壮，方菱形。嫩茎绿色或棕绿色，14～15 节，有 2～3 个分枝，多者有 10 个以上。叶为 3 小叶组成，复叶、茎和叶上都生有灰色或棕色毛茸，为分类的标志之一。花细小，颜色有白色、淡紫色和紫色，簇生于各节叶腋或枝腋间、短总状花序，每花序结 3～5 荚，每荚含种子 1～4 粒。种子大小、形状和颜色因品种而异，有椭圆、扁椭圆、长椭圆或肾形等，色泽有黄、青、黑、褐及有斑纹的双色等，种子内无胚乳，而具有 2 个充满养分的子叶（豆瓣），种子百粒重 10～50g。

一、根

菜用大豆根系发达，呈圆锥根系，直播的植株主根深可达 1m 以上，侧根开展度可达 40～60cm。育苗移植的植株根系因受抑制，分布较浅。菜用大豆根系易木栓化，再生能力差，属于不耐移栽的蔬菜，适宜多行直播。好气性强，适宜在土壤肥沃、活土层深厚、有机质含量高的沙质土壤中栽培。根部有强壮的根瘤菌共生，固氮能力强，可有效改善土质，培肥地力。根瘤菌是杆状好气性细菌，其繁殖需要从菜用大豆植株得到碳水化合物和磷，因此，施用磷肥、培育壮苗，使植株能充分供应根瘤菌所需的营养物质，使根瘤形成早，数量多，从而固氮

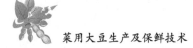

量多，植株生长旺盛。

二、茎

有限生长型的直立性品种较好，茎秆坚韧，呈不规则棱角状，株高 30~100cm，一般有 14~15 个节位。

（一）茎的形态

菜用大豆的茎包括主茎与分枝。茎发源于种子中的胚轴和胚芽。

菜用大豆栽培品种有明显的主茎，近圆柱形，稍带棱角，极个别品种的主茎粗大扁平。菜用大豆株高一般 50~100cm，矮者只有 30cm，高者可达 150cm。株高与品种特性密切相关。一般早熟品种生育期短，植株较矮；晚熟品种生育期长，植株较高。有限结荚习性品种植株较矮，无限结荚习性品种植株较高大，蔓生品种植株更高大。同一品种，因环境条件不同，株高差别也很大。

菜用大豆幼茎有绿色和紫色 2 种，绿茎通常开白花，紫茎通常开紫花植株成熟时，茎的颜色有淡褐色、褐色、深褐色、黑色、淡紫色等。

（二）株型

按主茎生长形态不同，可将大豆的株型分为蔓生型、半直立型、直立型 3 种。

（1）蔓生型主茎细软，植株高大，茎秆细弱、节间长、分枝多，半直立或匍匐地面。野生大豆或半野生大豆属于这一类型。

（2）半直立型主茎较粗，但上部细弱有缠绕倾向，特别是在水肥充足和阴湿条件下植株易发生倒伏。无限结荚习性品种有的属于这一类型。

（3）直立型茎秆粗壮，节数较少，节间短，直立抗倒伏有限和亚有限结荚习性品种多属于这一类型。随着环境条件的改变，菜用大豆的株型亦会有所变化。例如，当降水过多、栽植较密或氮肥过多时，直立或半直立类型常出现半直立或蔓生性状。又如，原产高纬度地区的半直立、半蔓生品种引种到低纬度地区，由于生育期缩短，常表现出直立性状。反之，将低纬度地区的直立型品种引种到高纬度地区，则由于延迟成熟而呈半直立或半蔓生倾向。

（三）生长型

菜用大豆到开花期，有的品种顶端停止生长与分化，即不再增加主茎节数和叶片数，此类型称为有限生长型（有限结荚习性）；有的品种在开花后，主茎和分枝仍继续生长，节数和叶片继续增加，称为无限生长型（无限结荚习性）；有的品种，其生长型介于两者之间，属亚有限生长型（亚有限结荚习性）。上述生长型也受环境影响，例如，有限生长型品种，在高温多雨的年份，也会变为亚有限生长型。

三、叶

初生真叶为对叶，以后真叶由 3 片三叶组成的复叶，互生。栽培种的茎、叶、荚上有茸毛。

（一）叶的组成

菜用大豆属双子叶植物。菜用大豆叶片有子叶、单叶和复叶之分。

1. 子叶

豆苗顶出土面时，首先露出的是 2 片肥厚的子叶，其大小因种子大小而异。在出土以前子叶有黄色和绿色两种，出土后见了阳光，出现了叶绿素，很快都变成了绿色，进行光合作用。子叶

所贮藏的营养物质对幼苗的生长至关重要。当子叶内养分耗尽时，会萎黄脱落。

2. 单叶

菜用大豆出苗后不久，2 片对生的单叶随之展开，形近卵圆，大小相同，均为胚芽的原始叶。

3. 复叶

主茎单叶节以上节和分枝各节所着生的叶片都是复叶。复叶由托叶、叶柄和叶片 3 部分组成。

（1）托叶 1 对，小而狭窄，呈三角形，位于叶柄和茎相连处两侧，有保护腋芽的作用。

（2）叶柄连着叶片和茎，是水分和养分的通道，它支持叶片使之承受阳光。

（3）叶片形状有近圆形、椭圆形、披针形。因品种不同有很大差异。圆形、椭圆形有利于光线截获，但容易造成冠层郁蔽；披针形叶透光性较好。叶片大小因其在植株上所处的位置和栽培条件的不同而有变化，不同品种也有差异。在同一植株上，无限结荚习性品种，中下部叶片大，上部的叶片较小；有限结荚习性品种，则上部叶片大，下部叶片小。叶片下大上小，冠层开放，有利于光线向植株的中、下部照射。

（二）叶的构造

叶片是光合作用的重要器官，它由以下各部分组成

1. 表皮

表皮可分上、下表皮，均由一层细胞构成。表皮细胞表面有一层薄的角质层，上表皮细胞略大于下表皮细胞。上、下表皮细胞均有气孔，气孔数目多、口径大，有利于气体交换和蒸腾作用。

2. 叶肉

叶肉为主要的同化器官。有栅栏组织和海绵组织之分。在近

轴面（上表皮一侧）的叶肉栅栏组织是由两层长柱形细胞组成，细胞内所含叶绿体较多，颜色较深。在远轴面（下表皮一侧）的海绵组织细胞排列疏松，细胞内叶绿体的数量相对较少，颜色较浅。

3. 叶脉

从叶的外表可以看出纵横交错的叶脉，即叶的维管束。主脉维管束发达，侧脉汇集于主脉，叶片主脉维管束与叶柄维管束相通，并与茎维管束相连接，构成一个完整的输导系统。

四、花

菜用大豆是短日照作物，花细小，无香味，有紫、白两种，为蝶形花，花序腋生，为短总状花序，花序着生 8~10 朵花，花期 1~2 天，为严格的自花授粉作物，花开放前已完成授粉，天然杂交率在 1% 以下。每花序结荚 3~5 个，每荚结籽 1~4 粒。花期要注意给菜用大豆补充足够的营养，防止由于供应不足造成落花。

（一）花的形态

菜用大豆的花序为总状花序，簇生。不同品种花簇的大小不同，按花轴长短分为 3 种类型。

（1）长轴型。花序轴长在 10cm 以上，轴上着生 10 朵以上的花。

（2）中长轴型。花序轴长 3~10cm，轴上着生 10 朵左右的花。

（3）短轴型。花序轴较短，长度 0.53cm，轴上着生 3~10 朵花。

（二）菜用大豆的开花、传粉与受精

1. 开花

菜用大豆从出苗、花芽分化到开花，需要 30~50 天。开花顺序为：花芽分化、花瓣出现、花萼略开、雄蕊伸长。开花时，翼瓣、龙骨瓣开放，可见到雄蕊，花冠呈蝶状，花瓣呈现出品种固有的颜色：白色或紫色。

菜用大豆多在上午开花，正常气候条件下的开花时间是6：00—11：00，下午很少开花。开花时间也因各地气候条件而有所不同。有风天气，开花会提前。从花蕾膨大到到花朵开放需 3 天左右。每朵花开放时间一般为 0.5~4 小时。菜用大豆从初花至终花的时间也因品种而异，一般无限结荚习性品种比有限结荚习性品种开花时间长，长者可达 2 个月。菜用大豆最适开花温度为 20~26℃，相对湿度为 80% 左右。超过这个范围，则不利于开花。连续降水，可延迟开花时间，使花粉黏结一团，降低花粉的生活力，影响受精。

2. 开花顺序

菜用大豆的开花顺序，依结荚习性不同而有很大差异。一般无限结荚习性品种，先由主茎基部各节开花，然后由内向外，循序向上部的主茎和分枝扩展，主茎和分枝上部的成荚率低；有限结荚习性的品种，开花顺序由内向外，主茎的中上部各节先开花，然后向下部和分枝末梢逐渐扩展，而下部常产生不正常的小型花，成荚率也低。

3. 传粉与受精

菜用大豆雌雄同花，萼片和花瓣把雌雄蕊严紧包被起来。花小，无香味。性器官形成后，在花未开放前，花粉就从花药中散出，完成传粉作用。所以菜用大豆的天然杂交率很低，一般不超过 1%，属于典型的自花授粉作物。

菜用大豆在传粉后 8~10 小时以内，便完成受精。授粉后，落在柱头上的花粉很快萌发，从萌发孔长出花粉管，经柱头内部组织，一直穿入子房内腔。当花粉管达到胚珠后，从珠孔处进入胚囊，花粉管端壁破裂，放出 2 个精子，分别与卵和极核融合，到此为止就完成了"双受精作用"。受精后子房逐渐膨大形成幼荚。

五、荚

（一）荚的形态

菜用大豆的荚由子房发育而成，荚皮由表皮、薄壁组织、维管束和隔离层组成。荚的大小因品种不同而有很大差异。

菜用大豆荚的形状有直形、弯镰形及微弯镰形之分，大多数品种为弯镰形大豆每荚粒数有一定的稳定性。一般栽培品种每粒荚最多含 2~3 粒种子。荚粒数与叶形有一定相关性。卵圆形叶、长卵圆形叶品种以 2~3 粒荚为多；披针形叶品种，4 粒荚的比例较大，也有少数 5 粒荚。每荚粒数与栽培条件关系也很密切，在养分和水分充足、气候条件适宜的情况下，每荚粒数比营养不足、水分欠缺条件下为多。

菜用大豆成熟时的荚色因品种而异，有浅黄色、灰褐色、深褐色、黑色等。同一品种在不同气候条件下，颜色深浅也有所不同，例如，多雨湿润时荚色较深，干旱时荚色较浅大豆荚上生有茸毛，有灰色和棕色之分。茸毛的颜色、长短、多少是区别不同品种的重要特征。

（二）底荚高度

菜用大豆的底荚高度，因环境条件和品种不同而异。结荚习性不同，底荚高度也不同。有限结荚习性类型的品种，底荚高度较高；无限结荚习性和亚有限结荚习性的品种，底荚高度较低。在同一结荚习性品种中，植株高大、开花期早或早熟品种的底

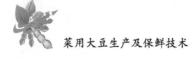

荚高。

种植密度大，底荚部位高，密度小，则底荚高度低；水肥充足条件下底荚部位高，相反则底荚高度低。目前适于机械收割的底荚高度为 15cm 左右。

六、荚果

荚果矩形扁平，荚面密布白色或棕色茸毛。荚果鲜嫩，一般为黄绿色或黄色，以煮食为主。

七、种子

种子的大小、形状和颜色因品种而异。颜色有黄、青、黑褐带斑纹的双色豆、以黄色为最多。有椭圆、圆球、扁圆形。脐有黄白色、紫色、黑色、褐色。千粒重 100~500g。菜用大豆种子的贮藏期一般为 2~3 年，南方潮湿地区大多使用当年新籽作为种子。

第二节　菜用大豆的生长发育

菜用大豆生长周期与气候条件有密切的关系，从种子播种到采收可分为四个时期，即种子发芽期、苗期、开花、结荚期及成熟期。

一、种子发芽期

种子萌发到子叶出土为发芽期。在长江以南一般 3 月中下旬播种，5~7 天出苗，若遇低温阴雨，时间可能延长，因而播种应选择在晴天，地温在 10℃ 以上最适宜。

二、苗期

从子叶出土到花芽分化之前。子叶出土后，第一对真叶展开，主茎随之生长伸长，到苗高 5~10cm 以后，生长速度加快，根系迅速生长。幼苗的生长适宜温度为 20~25℃。

三、开花结荚期

当幼苗生长完成，进入花芽分化阶段。菜用大豆在开花前 25~30 天开始花芽分化，此时是菜用大豆生长最旺盛时期。这时植株生长的好坏直接关系到开花、结荚与产量，如营养生长较差，花芽分化不正常，就会开花少，造成花及幼荚脱落。花从花蕾形成到开花需要 3~5 天，如春播气温回升迟缓可延长时间。菜用大豆的果实为荚果，每花序结荚大多 3~5 个，每荚有种子 1~4 粒，以 2~3 粒为多，嫩荚绿色，当荚果中的种子成熟后即可采收作为食用蔬菜。

四、大豆鼓粒成熟期

菜用大豆从幼荚至子粒成熟需 20 天左右，豆荚迅速生长伸长并加宽，最后增厚，子粒逐渐膨大，当种子体积达到最大时为鼓粒期，也是菜用大豆鲜荚采收最佳时期。因此，在菜用大豆开花前应适量施用复合肥，促进多开花、多结荚、结好荚，提高其产量。

第三节　对外部环境条件的要求

一、温度

菜用大豆喜温暖气候，种子发芽温度 12~15℃，以 15~20℃

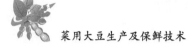

为宜。温度低，发芽慢，种子容易腐烂，幼苗生长力弱；苗期虽能耐-5~-2℃的短时低温，但很大程度上延缓了菜用大豆的生长发育。生长最适温度为20~25℃，低于此温，延迟结荚，低于14℃不能开花；温度过高，植株提早结束生长。1~2.5℃时植株受害，-3℃时植株死亡。

二、光照

菜用大豆属短日照植物，南方生长的菜用大豆属有限生长类型，早熟品种对光照要求不严格；北方生长的菜用大豆属无限生长类型，晚熟品种属短日照型。故北种南移时，往往提早开花；南种北移时，往往枝叶茂盛，延迟开花。因此，引种时一定要注意各品种的日照要求，尤其是北种南引时一定要百倍小心，以免导致引种不当，造成不应有的损失。

三、水分

菜用大豆种子发芽需要充足的水分，若田间土壤墒情不足，可在播种前4~5天浇1次水，达到墒情时再播种，以保证齐苗。开花结荚期需要较多水分，保证土壤含水量达到70%~80%，否则，蕾铃脱落严重。可灌跑马水，畦面湿润后立即排水，若遇阴雨天气要及时清理厢沟，达到雨停田干。

四、土壤

菜用大豆对土壤要求不严格，但以含钙丰富、土层深厚、有机质多的土壤为好，其产量和品质最高。干燥地区宜选用耐旱性强的小、中粒种，湿润地区可选用有限生长类型。开花前吸肥总量占不到总量的15%、而开花结荚期吸肥量达80%以上，因此，要重点保证花期的肥料供应。此时施肥以氮肥为主，配施磷肥。磷缺乏，可减少分枝和开花数，落花数增多；磷肥充足，则能促进根系生长，体内代谢过程加速，根瘤菌活动增强，豆荚成熟早。钾缺乏时，出现"金镶边"。现象，要及时喷施 0.2%~0.3%磷酸二氢钾液，每亩 60kg，连喷 2~3 次，可改善此状。

五、气体

菜用大豆属深根系作物，其根系可下扎 90cm。菜用大豆在生长过程中需要吸收空气中的二氧化碳气体，以满足其生长发育需要。若能在空气中增加二氧化碳的含量，其光合作用就会大大增强，从而达到增产目的。

当空气中二氧化碳含量为 200mg/kg 时，不能满足菜用大豆生长需要，有的甚至低于一般作物光补偿点 60~150mg/kg，这时，必须人工增施二氧化碳气肥，以弥补当温、光、水、肥等条件都满足而二氧化碳不足时对产量的限制。

使用二氧化碳发生器，不仅可得到优质肥料硫酸铵，还能保护环境，尤其是施用二氧化碳气体，能显著地促进菜用大豆前期生长，为提早开花、结实创造良好条件。

六、土壤含氧量

菜用大豆主根长，其土壤含氧量对其产量影响极大。如果土壤含氧量能满足其生长发育需要，则会吸收足够的水肥供应地上部分生长；反之，则会因水肥供应不足而使地上部分发育不良，直接影响上市期和产量。

如果土壤长期积水，会使土壤含氧量大幅度降低，极易发生根腐烂。因此，在多雨季节要及时清理厢沟，达到雨停田干。若在干旱时灌水，宜灌跑马水，畦面湿润后排水，使根系始终保持旺盛的生长力，为植株地上部分生长提供足够的营养，以获得高产、高效益。

第三章　菜用大豆的类型和品种

第一节　菜用大豆的植株类型

根据开花顺序、开花时间、花荚分布、着生状态等特性特征，可将菜用大豆植株的结荚习性分为无限结荚习性、有限结荚习性和亚有限结习性3种类型。

1. 无限结荚习性

无限结荚习性品种的花序轴很短，主枝和分枝的顶端无明显的花簇，在开花结荚后遇到适宜的环境条件，还可以产生新的花簇。茎继续伸长，叶继续产生。若遇适宜的环境条件，茎可以生长很高，结荚分散，一般每节着生2~5个荚，多数荚在植株中下部，顶端只有1~2个小荚，甚至没有荚，荚内豆粒较小。开花顺序为由下向上，由内向外，始花期早，花期较长。节间长，植株高，容易徒长倒伏，对肥水要求不高，若水肥过多，则植株高大，易倒伏，导致减产。这种类型品种的营养生长和生殖生长并进时间长，者对光合产物的竞争较激烈。

2. 有限结荚习性

此类型品种花序轴长，在开花后不久主茎和分枝顶端出现1个大花簇，而后就不再继续向上生长豆荚多分布于植株中上部。开花顺序是由上中部开始，逐渐向上下两端扩展。始花期较晚，花期较短。如开花期间外界条件适宜，则花多、荚多、产量较高；反之，则产量降低。这种类型的品种主茎和分枝都很粗壮，株型紧凑，直立抗倒。顶端叶片肥大，光合叶面积大。营养生长和生殖生长并进时间较短，两者对光合产物的竞争不明显。

3. 亚有限结荚习性

这种类型介于无限结荚习性和有限结荚习性之间而偏于无限结荚习性。植株较高大，主茎较发达，分枝性较差。开花顺序由下而上，主茎结较多。具有这种结荚习性的大豆，在雨多、肥足、密植的条件下栽培，会表现出无限结荚习性的特征；在水肥适宜、稀植的条件下栽培又会表现出近似有限结荚习性的特征。

第二节 菜用大豆的类型

一、春菜用大豆型

春菜用大豆在南方露地栽培条件下，一般在 2 月底至 4 月初（因纬度不同而异）播种，5 月底至 6 月上市。春菜用大豆光周期反应较迟钝，生育期短，适应范围较广，如自我国台湾引入的"AGS292"。东北地区无霜期 100~120 天的地区为春播，播期为 4 月下旬至 5 月上旬，8 月收获。少数 6 月上旬播种，霜前收获。

二、夏、秋菜用大豆型

夏菜用大豆分布于中国南方广大地区及黄淮海流域，在冬播作物收获后播种。秋菜用大豆在早稻等作物收获后种植。它们对光周期反应敏感，早播一般不会使鲜荚上市期相应提前，因此，不能提前到春季播种。无霜期 180~240 天的地区以夏播为主，也可春播。无霜期 240~260 天的地区春、夏、秋均可播种。

三、按生育期划分

菜用大豆品种按其生育期分为早、中、晚熟 3 种类型。

（1）早熟种。生育期 90 天以内、长江流域作为早熟栽培，

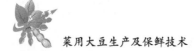

于 5 月下旬至 6 月下旬采收。如杭州市的五月白、上海市的三月黄、南京市的五月鸟、武汉市的黑毛豆、成都市的白水豆等。

（2）中熟种。生育期 90~120 天。如杭州市、无锡市的六月白，南京市的白毛六月黄，武汉市的六月炸，于 7 月上旬至 8 月上旬收获。

（3）晚熟种。生育期 120 天以上。品质最佳，9 月下旬至 10 月下旬收获。如上海市的酱油豆、慈姑青、杭州市的五香毛豆、南京市的大青豆等。

早熟和中熟品种中，矮生直立和半直立占优势。晚熟类型中，蔓生匍匐占优势，可见株型与熟期有一定相关性。显然，这种划分也是区域性的概念。

四、按菜用大豆的颜色划分

菜用大豆的花色为紫色和白色，以紫色花占优势。依种子色泽分为黄、青、黑、褐及双色。以黄色种最普遍，青色豆粒大，如大青豆等。按照豆荚上绒毛的颜色分为白毛、红毛 2 种（其实白毛是灰白色，红毛是棕色），以棕色居多。绒毛的颜色与品质有密切的关系。红毛毛豆香味浓，白毛毛豆鲜味足。

五、菜用大豆的种子大小

菜用大豆种子的大小按粮用大豆的划分标准，干籽粒的百粒重≥30 g 为极大粒型，24~30g 为特大粒型，18~24g 为大粒型，12~18g 为中粒型，百粒重<12g 为小粒型，百粒重<6g 为极小粒型。菜用大豆中，极大粒型和特大粒型种子占绝对优势。

菜用大豆开花与日照长短有关。菜用大豆为短日照作物，但有的品种在长日照、短日照条件下都能开花，早熟毛豆就属于这一类，因此，它既能早播也能晚播，产量不受影响；而晚熟品种对短日照要求严格，提早播种虽然茎叶繁茂，但并不能提早开花结荚。

第三节 常见菜用大豆品种介绍

一、春播菜用大豆

（1）苏早1号·早熟品种。原名早选3号，江苏省农业科学院经济作物研究所1999年选育。播种至采收期69天，有限结荚习性，白花，灰毛，叶卵圆形，株高中等，百粒鲜量70.7g，属大粒品种，适于外贸出口。较耐病毒病。籽粒糯性好，易剥壳。蛋白质含量41%。平均亩产鲜荚856.5kg，鲜粒产量368.7kg。

（2）早生翠鸟·早熟品种。原名新引5号，江苏省农业科学院蔬菜研究所1999年选育。全生育期68天，出苗势强，幼茎深绿色。叶卵圆形，叶色深绿，白花，灰毛，成株有限结荚习性，株型较紧凑。株高25.3cm，主茎9.2节，结荚高度9.15cm，分枝2.35个，单株结荚20.65个，出仁率55.15%，百粒鲜重63.6g。豆仁有甜味，糯性好，品质佳。干籽粒种皮淡绿色，平均亩产鲜美619.9kg，鲜粒产量349.6kg。

（3）沪宁95-1·早熟品种。南京农业大学和上海市农业科学院联合选育。从播种到采收65天，极早熟，有限生长型。株高40cm，分枝2~3个，节间数9~11节，叶卵圆形，花淡紫色，茸毛灰绿色，有限结荚习性，荚多而密，平均单株结荚43个，平均单株荚重58g，最多可达115g，鲜豆百粒重65~70g。豆粒鲜绿，容易烧酥，口感甜糯，食味佳。长江流域1—4月播种，一般亩产500kg以上。适宜保护地种植，上市早，效益高。

（4）21-11·早熟品种。南京农业大学大豆研究所育成，2004年通过审定。每公顷产鲜荚8 674.5kg。每公顷产鲜粒

4 641kg。该品系全生育期89天，白花，灰毛，抗病毒能力较强。株高24cm，百粒鲜重64.5g，出仁率53.5%。豆仁品质佳。全生育期较短，卖相好，产值高。植株较矮，荚色浅绿，豆仁糯性强，适口性好。

（5）黑脐豆1号·早熟品种。江苏省农业科学院蔬菜研究所育成。一般每公顷产鲜豆荚10 500kg，高产田块可达12 000kg。亚有限结荚习性，紫花，灰毛，抗倒伏性强。干籽粒百粒重25~27g，紫粒圆，黑脐，一般3月底播种，6月中旬开始采鲜荚。

（6）辽鲜1号·早熟品种。辽宁省农业科学院育成的鲜食专用大豆新品种。有限生长型，株高40~50cm，鲜荚大，色翠绿，品质优，鲜食无渣，熟期早，豆秆矮壮，抗病性强。在沈阳地区生育期105~110天。适于南、北方栽培。长江流域1~3月播种，出苗后65天即可上市，全生育期80~85天，圆叶、白花、茸毛白色，种皮绿色，亩产鲜荚700kg左右。地膜覆盖栽培3月20日前后播种，露地4月5日前后播种，一般6月中下旬采收鲜荚。

（7）春丰早·早熟品种。原名北国早生，浙江省农业新品种引进开发中心从日本东北种苗株式会社引进的鲜食春大豆品种，2001年通过省品种审定委员会审定。早熟，有限生长型，株高40cm左右，分枝性中等，叶绿，叶柄较短，主枝第四节着生第一穗花，白花，结荚密，茸毛白色，2~3粒荚为主。鲜豆粒，绿色，种子扁圆形，种皮浅绿色，光滑。种脐浅褐色，种子百粒重33g左右。宜保护地早熟栽培。除鲜销外，也适合加工出口。

（8）青酥3号·早熟品种。上海市农业科学院选育。株型直立，株高28~30cm，有限结荚，主茎8节，分枝2~3个，卵圆叶，白花。单株结荚20~25个，其中，2~3粒荚比例73%以上。荚色绿，荚毛灰白稀疏，2~3粒荚长5.13cm，宽1.12cm，出仁率55%。平均单粒鲜豆重0.67g，被覆绒膜，易烧煮，糯性，微甜，速冻后不变硬。单粒干籽重0.133g，种皮浅绿，种脐色淡，籽粒扁椭圆形。耐肥水，抗倒伏，对病毒病抗性强。对光周期不敏感。适合华东地区春播大、中、小棚覆盖栽培。

(9) 青酥5号·中早熟品种。上海市农业科学院选育。全生育期84天，株型直立收敛，株高33.7cm，有限结荚，主茎8~9节，分枝2~3个，白花，灰毛。单株结荚25.95个，其中，2~3粒荚比例72.16%。鲜荚绿色，每500g标准荚数196个，鲜豆百粒重77.65g，荚壳薄，籽粒饱满，易烧煮，吃口糯性，微甜，速冻后不变硬，口感品质佳。对光周期反应不敏感，栽培适应性广。

(10) 苏豆5号·中熟品种，原名苏鲜4号，江苏省农业科学院蔬菜研究所2003年育成。播种至采收85天，出苗势强，幼茎绿色，叶片卵圆形，深绿色。植株直立，有限结荚习性，紫花，鲜荚弯镰形，茸毛灰色。株高42.2cm，主茎10.4节，分枝1.9个，单株结荚21.4个，多粒荚占59.4%，每千克标准荚410.5个，2粒荚长5.1cm，宽1.3cm，鲜百粒重65.0g，出仁率52.3%。煮食口感香甜柔糯。干籽粒种皮黄色，子叶黄色。中感花叶病毒病。田间花叶病毒病发生较轻，抗倒伏。亩产鲜荚686.6kg，鲜粒361.1kg。

(11) 苏豆8号·早中熟品种。江苏省农业科学院蔬菜研究所育成的南方春大豆类型早中熟新品种，2010年通过全国农作物审定委员会审定。全生育期101天。白花，灰毛，有限结荚习性。株高50cm，分枝数2.5个，单株荚数30个，百粒重18.6g。种皮黄色，种脐淡褐色。田间植株表现不倒伏，不裂荚，落叶性好，抗病毒病。蛋白质含量41.63%，脂肪含量21.52%，蛋白质十脂肪总含量63.15%。一般亩产200kg。

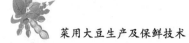

（12）日本晴 3 号·中熟品种。江苏省农业科学院 1999 年育成。播种至采收 85 天。有限结荚习性，白花，灰毛，叶卵圆形，株高中等，粒大，百粒鲜重约 67g，糯性好，易剥壳。蛋白质含量 41%，出籽率 57%。平均亩产鲜荚 690.20kg，产鲜粒 403.42kg。

（13）台湾 75·中熟品种。台湾省品种，播种至采收 83 天。株型紧凑，株高 50~60cm，茎秆粗壮，抗倒伏。结荚较疏，单株有效荚数 20~23 个，豆荚较其他品种略宽、略大。鲜荚色泽翠绿，灰毛，百荚鲜重 280g 左右，亩产鲜荚 500~600kg。清香可口，糯性好。采收期、保鲜期均较长。近年已成为鲜豆速冻出口的主要品种。

（14）台湾 292·台湾省品种，中熟，品质优良。播种至嫩荚采收约 84 天。有限结荚习性，株高 35~40cm，幼苗主茎紫色，主茎 6~8 节，分枝性较弱。花紫色，单株结荚 15~20 个，底荚高 10cm 左右，荚粗，粒大，茸毛白，外观美，味甜，带香味，品质佳。适宜鲜食和加工速冻出口。不易裂荚，种皮黄色，种子近圆形，百粒重 25g 左右，耐肥力强，不易倒伏。抗病性较强。一般亩产鲜荚 500kg 左右。

（15）淮阴 75·中熟品种。淮安市农业科学研究所育成。2003 年每公顷产鲜荚 8 869.5kg，2004 年通过审定。适合淮北地区种植，每公顷产鲜粒 4 701kg。全生育期 90 天，白花，灰毛，叶形卵圆，叶色深绿，有限结荚习性，较抗病毒病。株高 36.1cm，分枝 1.9 个，主茎 9.4 节，单株 20.7 荚，百粒鲜重 66.6g，为所有参试品系最高，出仁率 53.0%，豆仁稍有甜味，糯性好，品质佳。

（16）浙农 6 号·中熟品种。浙江省农业科学院蔬菜研究所从台湾 75/2808 选育而成。出苗至采鲜荚 86.4 天，比台湾 75 短3.8 天。有限结荚习性，株型收敛，株高 36.5cm，主茎节数 8.5

个，有效分枝 3.7 个。叶片卵圆形，白花，灰毛，青荚绿色，微弯镰形。单株有效荚数 20.3 个，标准荚长 6.2cm，宽 1.4cm，每荚粒数 2.0 粒，鲜百荚重 294.2g，鲜百粒重 76.8g。淀粉含量 5.2%，可溶性总糖含量 3.8%，口感柔糯，略甜，品质优。3 月中下旬至 4 月上中旬播种，亩用种量约 5kg。不抗病毒病。田间生长整齐一致，长势较强，产量高，品质优，商品性好。适宜在浙江省作春季菜用大豆种植。

（17）浙农 8 号·中熟品种。浙江省农业科学院蔬菜研究所选育。出苗至采鲜荚 85.0 天，比台湾 75 短 5.2 天。有限结荚习性，株型收敛，株高 27.2cm，主茎节数 7.7 个，有效分枝 3.8 个。叶片卵圆形，大小中等，白花，灰毛，青荚绿色，微弯镰形。单株有效荚数 22.0 个，标准荚长 5.2cm，宽 1.3cm，平均每荚粒数 2.1 粒，鲜百荚重 254.2g，鲜百粒重 70.3g。淀粉含量 4.2%，可溶性总糖含量 2.3%，口感较糯，品质较优。抗病毒病。3 月中下旬至 4 月上中旬播种，亩用种量约 6kg，苗期应早管促早发。适宜在浙江省作春季菜用大豆种植。

（18）浙鲜豆 4 号·中熟品种。浙江省农业科学院育成的菜用大豆新品种，2007 年通过国家农作物品种审定委员会审定。母本是从日本引进的菜用大豆品种矮脚白毛，为灰毛、白花、中熟菜用型春大豆，田间表现较抗倒伏，抗病毒病。父本 AGS292 是亚洲蔬菜研究发展中心（AVRDC）选育的菜用大豆品种，田间表现早熟、紫花、大荚，鲜食品质较好，但对倒伏和病毒病的抗性较差。有限结荚类型，株高 30～35cm，株型紧凑，主茎节数 9.7 个，分枝数 1.8 个，叶片卵圆形，中等大小，灰毛，紫花，单株荚数 30 个左右，多粒荚率 69.3%，成熟种子黄皮，子叶黄色，脐色黄，百粒鲜重约 60g，百粒干重 30.1g。播种到采收青荚约 81 天。适宜上海、江苏、安徽、浙江、江西、湖南、湖北、海南等省市春播栽培。

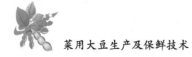

（19）浙鲜豆 6 号·原名浙 5602。中熟品种。浙江省农业科学院选育。播种至采收 85 天，比台湾 75 短 5.2 天。有限结荚习性，株高 37.5cm，株型收敛，主茎节数 9.1 个，有效分枝 3.9 个。叶片卵圆形，白花，灰毛，青荚淡绿色，镰刀形。单株有效荚数 25.7 个，标准荚长 5.6cm，宽 1.3cm，每荚粒数 1.9 粒，百荚鲜重 245.7g，百粒鲜重 68.1g。干籽种皮黄色，百粒重 32g。淀粉含量 4.6%，可溶性总糖含量 3.5%。适当早播，适时采收，提高鲜荚商品性。丰产性好，商品性较好。适宜在浙江省做春季菜用大豆种植。

（20）交大 02-89·中熟品种。上海交通大学育成。平均生育期 88 天，紫花，灰毛，株高 36.8cm，主茎节数 9.3 个，分枝数 2.7 个，单株荚数 27.7 个，单株鲜荚重 44.7g，每 500g 标准荚数 188 个，荚长 5.3cm，荚宽 1.3cm，标准荚率 67.9%，百粒鲜重 68.1g。香甜柔糯。鲜荚绿色，种皮黄色。

（21）毛豆 3 号·中熟品种。从台湾引进。春播出苗至采青平均 76.7 天。株型收敛，有限结荚习性，叶形椭圆，幼茎绿色，白花，茸毛白色，籽粒椭圆，鲜籽粒淡绿色，无脐色。成熟籽粒种皮淡绿色，脐淡黄色。平均株高 34.0cm，茎粗 0.65cm，主茎节数 8.4 个，有效分枝数 2.6 个单株有效荚数 20.0 个，标准荚数 10.7 个，标准荚长 6.06cm，宽 1.34cm，每千克标准荚数 293.8 个，单株荚重 56.8g，鲜百粒重 79.8g。适宜福建省大豆产区种植。

（22）淮哈豆 1 号·中熟品种。江苏省淮阴农业科学研究所与黑龙江农业科学院大豆所合作选育。出苗至采收鲜荚 80 天左右。有限结荚习性，植株中等高度，株高 50～55cm，结荚高度 8～10cm，主茎 13 节。分枝 1～2 个，叶片卵圆形、色绿，花紫色。单株结荚 25～30 个，荚长 4～6cm，荚宽 1.1～1.2cm。3 粒荚较多。青荚直形，深绿色，茸毛灰白色。鲜豆仁百粒重 50～

55g，粒荚比 1：0.8。干籽粒圆形，淡脐，黄色，百粒重 24～26g。干籽粒粗蛋白质含量 43.4%，粗脂肪 19.4%。抗倒伏性较强。苗期和花期中抗花叶病毒病。适宜江淮下游地区春季种植。

（23）苏奎 1 号·晚熟品种。江苏省农业科学院蔬菜研究所以我国台湾省品种台湾 292 和日本晴 3 号为父母本杂交选育而成。出苗较快，苗期生长势较强，3 月 25—30 日播种。播种至青荚采收 105 天。白花，灰毛，叶披针形。有限结荚习性，株型收敛，株高 38.32cm，主茎节数 10.60 个，单株分枝 2.57 个，单株平均结荚 31.25 个，标准荚率 63.09%。每千克标准荚 345.83 个，鲜荚深绿色，荚长 5.87cm，荚宽 1.31cm，百粒鲜重 65.87g。鲜食口感香甜柔糯，抗倒性较好。综合性状优良，标准荚长度符合鲜食大豆要求。优质，高产，平均亩产 700kg 左右。生育期适中，豆荚较大，百粒鲜重较大可达 70g 左右。抗倒伏性强。

（24）徐春 2 号·晚熟品种。原名徐春系 128。江苏省徐州农业科学研究所 2003 年育成。播种至采收 94 天，出苗势强，幼茎淡绿色，叶片卵圆形，绿色。植株直立，有限结荚习性，白花，鲜荚弯镰形，茸毛灰色。株高 28.2cm，主茎 8.2 节，分枝 2.7 个，单株结荚 22.4 个，多粒荚占 62.5%，每千克标准荚 373.5 个，2 粒荚长 4.9cm，宽 1.3cm，鲜百粒重 65.0g，出仁率 55.5%。煮食口感香甜柔糯。干籽粒椭圆形，种皮绿色，子叶黄色，种脐深褐色，百粒重 26g。中抗花叶病毒病，田间花叶病毒病发生轻，抗倒伏。亩产鲜荚 729.4kg，鲜粒 398.8kg。

（25）通酥 1 号·晚熟品种。原名通酥 526。江苏省沿江地区农业科学研究所 2002 年育成。播种至采收 91 天，株高 30.6cm，主茎 9.2 节，结荚高度 9.2cm，分枝 1.9 个，单株结荚 21.0 个，多粒荚占 69.5%，百粒鲜重 58.0g，出仁率 58.8%。出苗势强，幼茎绿色。叶卵圆形，叶色淡绿。白花，鲜荚茸毛稀疏，浅棕色，豆荚呈亮绿色。有限结荚习性，株型较紧凑。食煮豆仁有甜味，糯性中等。干籽粒种皮绿色，子叶黄色。田间花叶病毒病发生较轻，抗倒伏性强。平均亩产鲜荚718.3kg，鲜粒422.4kg。

二、夏播菜用大豆

（1）新大粒1号·中熟品种。江苏省农业科学院蔬菜研究所从日本引进地方品种丹波豆变异群体中经多代单株选择而成。紫花，棕毛，叶卵圆形。有限结荚习性，株型半开张。播种至青荚采收108天，较绿宝珠迟熟13.80天。株高79.20cm，分枝2.90个，主茎节数17.90，单株结荚43.50，标准荚长5.81cm，宽1.37cm，每千克标准荚数189.90个，百粒鲜重150.00g，出仁率55.06%，口感香甜柔糯。干种子百粒重55g左右，种皮黑色。鲜豆仁在嫩荚采收较早时为绿色，嫩豆荚采收较晚时为紫色。苏南6月底播种，苏北6月15—20日播种。

（2）通豆6号·中熟品种。原名天鹅蛋1号。江苏省沿江地区农业科学研究所2004年育成。出苗势强，幼苗基部绿色，生长稳健，叶片较大，卵圆形，叶色深。植株直立，有限结荚习性，紫花，鲜荚深绿色，茸毛灰色。株高69.9cm，主茎13.8节，分枝2.3个，单株结荚27个，多粒荚占71.4%，每千克标准荚364.3个，2粒荚长5.7cm，宽1.3cm，鲜百粒重70.2g，出仁率52.3%。煮食口感香甜柔糯。干籽粒种皮绿色，子叶黄色。中抗花叶病毒病，田间花叶病毒病发生较轻，抗倒伏。亩产鲜荚833.8kg，鲜粒450.2kg。

（3）淮豆10号·中熟品种。原名淮03-16。江苏省淮阴农业科学研究所2003年育成。出苗势强，生长稳健，叶片较大，卵圆形，叶片绿色。植株直立，有限结荚习性，紫花，鲜荚深绿色，茸毛灰色。株高63.0cm，主茎13.8节，分枝2.2个，单株结荚 31.2 个，多粒荚占 71.2%，每千克标准荚 450.0 个，2 粒荚长 5.4cm，宽 1.2cm，百粒鲜重 51.8g，出仁率 50.0%。煮食口感香甜柔糯。干籽粒椭圆形，种皮绿色。田间花叶病毒病自然发生较轻。抗倒伏。亩产鲜荚 715.8kg，鲜粒 357.5kg。

（4）夏丰 2008·中熟品种。浙江省农业科学院蔬菜研究所选育的优质夏毛豆专用新品种，可有效补充夏秋季菜用毛豆的市场淡季，延长菜用毛豆的供应期。有限结类型，耐高温性强，夏播出苗整齐，生长势旺，根系发达，茎秆粗壮，株型紧凑，抗病性强，耐肥，抗倒性好，生育期 80 天。株高 58cm 左右，白花，单株结荚 32 个左右，3 粒荚比例高，商品性好，豆荚鲜绿，灰毛，荚宽 1.2~1.3cm，荚长 5.1cm。豆粒种皮绿色，有光泽，籽粒饱满，百粒鲜豆重 73.9g，肉质细糯，略带甜味，易煮酥，口感好，品质优，适于作鲜食、速冻和脱水加工。一般亩产 520~540kg。

（5）苏豆 6 号·晚熟品种。原名苏鲜 1 号。江苏省农业科学院蔬菜研究所 2004 年育成。出苗势强，生长稳健，叶片较大，卵圆形，叶色淡绿。植株直立，有限结荚习性，紫花，鲜荚弯镰刀型，茸毛灰色。播种至采收 100 天，株高 68.5cm，主茎 14.0 节，分枝 2.3 个，单株结荚 28.0 个，多粒荚占 64.6%，每千克标准荚 413.3 个，2 粒荚长 5.6cm，宽 1.3cm，百粒鲜重 63.8g，出仁率 52.7%。煮食口感香甜柔糯。干籽粒圆形，种皮黄色。感花叶病毒病，田间花叶病毒病自然发生轻。抗倒性好。亩产鲜荚 749.5kg，鲜粒 376.1kg。

（6）苏豆 7 号·晚熟品种。江苏省农业科学院蔬菜研究所选育。夏播适宜播期 6 月 15 日至 6 月 30 日，播前晒种 1~2 天，以提高发芽率。出苗势强，生长稳健，叶片较大，卵圆形。株型半开张，有限结荚习性。紫花，鲜荚绿色，茸毛灰色。播种至鲜荚采收 106.5 天，株高 92.41cm，主茎 16.94 节，分枝 3.85 个，

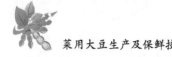

单株结荚 45.26 个，多粒荚个数百分率 63.95%，每千克标准荚 270.86 个，2 粒荚长 5.73cm，宽 1.49cm，百粒鲜重 91.25g，出仁率 54.88%。口感品质香甜柔糯。中抗大豆花叶病毒病。优质，平均亩 650kg。生育期适中。豆荚较大，百粒鲜重可达 80g 以上。抗倒伏性强。

（7）通豆 5 号·晚熟品种。江苏省沿江地区农业科学研究所 2004 年育成。出苗势强，幼苗基部绿色，生长稳健，叶片较大，卵圆形，叶色深。植株直立，有限结荚习性，紫花。鲜荚深绿色，茸毛灰色。播种至采收 107 天，株高 83.0cm，主茎 15.8 节，分枝 2.9 个，单株结荚 29.9 个，多粒荚占 63.2%，每千克标准荚 326.0 个，2 粒荚长 5.8cm，宽 1.4cm，鲜百粒重 78.2g，出仁率 54.2%。煮食口感香甜柔糯。干籽粒种皮黄色，子叶黄色。中抗花叶病毒病，抗倒伏。亩产鲜荚 824.4kg，鲜粒 445.2kg。

（8）楚秀·晚熟品种。江苏省淮阴农业科学研究所育成。一般亩产鲜荚 600～650kg。种子黄皮，子叶黄色，籽粒椭圆形，种脐淡褐，干种子百粒重 28～30g。株高 95～100cm，结荚高度 20cm，单株分枝 2 个左右，主茎 12～13 节，单株结荚 35～40 个，豆荚弯镰形，3 粒荚多，鲜荚可作外贸出口商品。是淮河两岸菜用大豆的理想品种。

第四章 菜用大豆安全生产设施

第一节 地膜覆盖

一、地膜覆盖的种类及其性能

地膜覆盖栽培是用厚度为 0.015~0.02mm 的塑料薄膜（或 0.006~0.008mm 的超薄地膜）覆盖地面的一种简易保护栽培形式。地膜覆盖能提高地温，减少土壤水分蒸发，保墒防涝，保持土壤疏松透气，为土壤微生物活动和有机物分解创造适宜的环境，可有效促进豆类蔬菜植株生长发育，达到早熟、优质、丰产的目的。地膜规格多为 0.015~0.02mm 厚的聚乙烯透明膜，幅宽北方可采用 60~70cm、南方可采用 70~100cm。近年来开始采用 0.007mm 厚的超薄强力地膜，以降低成本。低温季节生产应用无色透明膜，其透光性好，透光率达 80%~93.8%，可增温 2~4℃。春、夏季还可采用反光性较强的银灰色膜，以驱避蚜虫，减轻病毒病为害；也可使用黑色膜，能有效抑制杂草生长，省工省力。地膜的用量可按 55% 田间覆盖率来计算。厚度为 0.015mm、幅宽 60~70cm 的地膜每亩大约需要 4kg。

二、地膜覆盖的方式

地膜覆盖的方式因各地的自然条件及栽培的蔬菜种类而异，生产上常见的有以下几种。

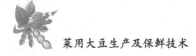

1. 高畦地膜覆盖

高畦地膜覆盖是地膜覆盖最基本的方式。整地时要求精细，将畦做成龟背形，畦的高度和宽度应根据当地的气候、地下水位、地膜的宽度及栽培蔬菜的种类而定。北方地区一般以畦高10~15cm为宜。南方高温多雨地区，为防涝排水方便，畦高可达20~30cm，畦背宽60~80cm，畦沟宽30~40cm，覆盖80~100cm宽的地膜。高畦地膜覆盖的增温、保墒效果好，早熟增产效果显著。

2. 高垄地膜覆盖

高垄地膜覆盖的畦面较高畦地膜覆盖窄，高度基本一致，一般畦背宽35~45cm，垄距60~80cm，垄高10~15cm，覆盖60~95cm宽的地膜。

高垄地膜覆盖不仅增温、保墒效果好，而且便于灌溉，但是较费膜、费工。

3. 平畦地膜覆盖

平畦地膜覆盖是将地膜直接覆盖于平畦畦面的覆盖方式。一般平畦宽60~150cm，畦埂底宽20~30cm，畦埂高出畦面8~10cm。该覆盖方式可直接在畦面上浇水，但浇水后容易造成膜面污染，降低透光率，增温效果不如高畦地膜覆盖。适用于育苗时播种后短期覆盖，出苗后应及时揭去。

4. 沟畦地膜覆盖

沟畦地膜覆盖是在高畦、高垄以及阳坡畦面开沟，在沟内播种或定植后，再覆盖地膜的栽培方式。这种方式具有贴地覆盖和近地面覆盖的双重效果，不仅能提高地温，还可提高气温，可在晚霜前大幅度提早播种或定植。一般可在终霜前20~30天播种或终霜前10~15天定植，待幼苗将要顶膜时改为高畦或高垄地膜覆盖。

5. 近地面地膜覆盖

近地面地膜覆盖赌较先进的地膜覆盖栽培方式，不仅可提高地温。而且可提高气温，更有利于提早播种和定植，促进作物早熟丰产。近地面地膜覆盖主要有以下几种方式。

（1）平畦近地面覆盖。一般栽培畦宽 90~100cm，取上畦宽 40 厘米、畦埂高 15~20cm，畦埂应踏实。在栽培畦内播种或定植后，在畦埂上每隔 30~40cm 插一根用细竹片、荆条或细树枝等做成的小拱架，在拱架上覆盖地膜。该覆盖方式在河北省中部及南部已广泛应用于豆类蔬菜早熟栽培。

（2）高畦（高垄）地膜近地面覆盖。将栽培畦做成高畦或高垄、在高畦或高垄上定植或播种，然后在高畦或高垄的两肩处插小拱架，拱架高 30~40cm、宽 60~70cm，上面覆盖地膜。该方式可使幼苗在终霜前 10~15 天定植，终霜后当外界气温适宜蔬菜生长时，拆除小拱架，把地膜落盖在栽培畦面，然后在每株苗顶上将地膜开孔，并将苗引至膜外，最后将地膜用土固定，便地膜继续起到增温、保墒的作用。有时将高畦地膜覆盖与近地面覆盖共同配套使用，则称为高畦地膜双覆盖，增温保温效果更好。

（3）沟畦近地面覆盖。将栽培畦做成槽状沟、朝阳沟等形状，将种子或幼苗播种或定植到沟内以后，用细竹片、荆条、树枝条等作拱架，然后覆盖地膜。

该方式除具有提高地温和气温的性能外，还可以利用较高的垄背上抵挡寒冷的北风，因而更适于豆类蔬菜提早定植。河北省中、南部地区，豆类蔬菜可在终霜前 1 个月左右定植，相当于大棚豆类蔬菜栽培的定植期。

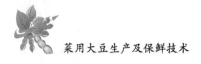

第二节　小拱棚

通常把高度小于 1.5m 的圆拱形骨架上覆盖塑料膜的栽培设施称为"小拱棚"。小拱棚具有结构简单、建造方便、投资少、使用管理方便等优点。小拱棚覆盖进行春提早豆类蔬菜生产，可以较露地提早 15~20 天。

一、小拱棚的覆盖形式及建造方法

小拱棚拱架取材范围广，可以就地取材，选用竹竿、竹片或树木枝条等。架材长度一般为 1.3~3m，扣棚用的薄膜一般选用厚度为 0.06~0.1mm 的聚乙烯农用薄膜，宽度为 1.5~4m。小拱棚一般高度为 50~150cm，跨度为 50~300cm，长度为 15~30m，不宜过长，过长抗风性差、通风不良。棚间距 80~150cm。如加盖草苫或无纺布等保温材料，棚间距要稍大，以留出空间放保温材料。

小拱棚是在地膜覆盖基础上发展起来的一种早熟栽培形式，各地覆盖形式多样。根据覆盖方法不同，小拱棚的覆盖保温方式可分为以下 3 种：一是地膜加小拱棚的"双膜"覆盖方式；二是地膜加小拱棚外盖草苫的"二膜一苫"覆盖方式；三是地膜加小拱棚外加中棚的"三膜覆盖"方式。

小拱棚一般采用南北走向。建棚前先要整地施肥，做好定植畦，然后顺定植畦扣棚。扣棚时先在定植畦两侧按 50~80cm 的间距插好竹片等架材，架材要弯成半圆拱形。跨度大的拱棚，中间要设立柱，立柱上拉一道铁丝。要求架材高度一致，弯成的圆拱都要在同一拱面上。为了使拱棚坚固牢靠，可以用细铁丝在棚顶将各骨架连接起来，两端固定在棚外木桩上。然后覆盖薄膜，薄膜要绷紧压实，薄膜越紧越抗风。在薄膜上每隔 2~3 个骨架插一道压膜拱条，或用塑料绳在棚膜上呈"之"字形勒紧，两侧固定在木桩上，防止薄膜被风吹起而损坏。

二、小拱棚栽培特点

（1）提早定植，提早收获。拱棚内有一定的缓冲空间，棚内气温、地温比地膜覆盖或露地高而且稳定。定植时间可以比地膜覆盖提早 7～10 天，比露地提早 15～20 天，相应收获期也提前。

（2）有一定防霜冻能力。早春气温变化剧烈，昼夜温差较大。小拱棚内的植株在整个苗期都生长在保护的环境下，当遇到轻霜冻（-2～0℃）时，可以避免或轻减为害。

（3）植株生长势强，抗病抗逆性好。由于豆类蔬菜的生长前期是在一个基本相对稳定的环境条件下，因此，其长势较旺，发育健壮，还可以减少各种病虫。

第三节　大　棚

通常把没有后墙，以竹、木、水泥柱或钢材等建材做骨架，在表面覆盖塑料薄膜的大型保护地栽培设施称为塑料大棚。我国常见的大棚高度一般为 1.9～3.5m，棚宽 8～12m 不等。目前在华北，华中、华东、西北等各地均有较大面积的塑料大棚。利用塑料大棚栽培豆类蔬菜。早春可以比露地提前 1 个多月成熟，比小棚提早 15～20 天；秋延后栽培可以比露地延迟采收期 15～20 天。

一、大棚的类型

圆拱塑料大棚按建筑材料分类，主要有竹木结构、水泥结构、钢管结构等类型，这几种类型各有其特点。

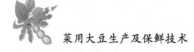

1. 竹木结构

竹木结构是大棚初期的一种类型，目前在我国北方仍广为应用。一般大棚跨度为 8～12m，长度为 40～60m，中脊高 2.4～2.6m，两侧肩高 1.1～1.3m。有 4～6 排立柱，横向柱间距 2～3m。柱顶用竹竿连成拱架；纵向间距为 1～1.2m。其优点是取材方便，造价较低，且容易建造；缺点是棚内立柱多，遮光严重，作业不方便，不便于在大棚内挂天幕保温，且立柱基部易朽，抗风雪性能力较差，使用寿命为 5 年左右。为减少棚内立柱，建造了悬梁吊柱式竹木结构大棚，即在拉杆上设置小吊柱，用小吊柱代替部分立柱。小吊柱用 20cm 长、4cm 粗的木杆，两端钻孔，穿过细铁丝，下端拧在拉杆上，上端支撑拱杆。

2. 混合结构

混合结构的棚型与竹木结构大棚相同，使用的材料有竹木、钢材、水泥构件等多种。一般拱杆和拉杆多采用竹木材料；而立柱采用水泥柱。混合结构的大棚较竹木结构大棚坚固、耐久、抗风雪能力强，在生产上应用的也较多。

3. 钢架结构

钢架结构一般跨度为 10～15m、高 2.5～3.0m、长 30～60m。拱架是用钢筋、钢管或两者结合焊接而成的弦形平面桁架。平面桁架上弦用直径 16mm 的钢筋或直径 25mm 的钢管制成，下弦用直径 42mm 的钢筋，腹杆用直径 6～9mm 的钢筋，两弦间距 25cm。制作时先按设计在平台上做成模具，然后在平台上将上、下弦按模具弯成所需的拱形，然后焊接中间的腹杆。拱架上覆盖塑料薄膜，拉紧后用压膜线固定。这种大棚造价较高，但无立柱或少立柱，室内宽敞，透光好，作业方便，棚型坚固耐牢，使用年限长。现在已在生产上广泛推广应用。

二、大棚的建造

由于大棚的类型较多，建造方法也不一样，下面仅以目前各地的主要类型竹木结构大棚为例，介绍其建造方法。

1. 场地选择

大棚要选在背风向阳、地势高燥、通风见光较好、土质肥沃的地块上，棚的四周不能有高大的遮阴挡光物。大棚一般南北走向较好，不但抗风能力强，而且可使作物接受阳光比较均匀，果实大小一致，着色好。

2. 材料准备

建造一个标准棚（即跨度12m、长55m、高2.8~3m、栽培面积1亩），需要7m的竹竿100根或5m的竹竿150根，3m的竹片100根，3~3.5m的竹竿300根，5.4m的拉杆600根，8号铁丝85kg（其中，75kg做压膜线，10kg做地锚线），14号绑丝10kg，地锚砖200块，沥青20~30kg，棚膜75~100kg。

全棚由48个骨架组成，两骨架间隔1.2m。每个骨架由6~8根立柱、2根拱杆、2片竹片组成。采用7根立柱的大棚，其立柱高度分别为3m、2.8m、2.1m、1.4m（都含地下部分30cm），立柱间距离分别为1.9m、1.3m、0.9m。

3. 建造

（1）备料。将竹竿按规定尺寸截好。截料时要将竹竿的顶端锯成三角形豁口，以便固定拱杆，豁口的深度以能卡住竹竿为宜。在锯口下5cm处垂直锯口钻眼，以备穿铁丝绑拱杆。立柱下端钉两个成十字形的横木，以克服风的拔力，并将入土部分沾上沥青，以防腐蚀。

（2）挖坑埋立柱。施工时先划好大棚的坐落方位。按规定好的尺寸钉好桩标，然后挖坑，坑深要在30cm以上。先将最南端和最北端的两个骨架建好，然后南北拉细绳，以此为基准，埋

好其他立柱。要做到南北行立柱高度一致，东西行立柱在同一平面上。

（3）上拱杆。埋好立柱后，将拱杆放在立柱豁口内，拱杆对接好，绑在立柱上。拱杆的两端要绑在最外边的斜柱上，然后沿大棚两侧边线，将竹片插入土中30cm，弯成一致的弧形覆在竹竿上。在竹竿与竹竿、竹竿与竹片接茬处都要用草绳或布条缠好，防止划破棚膜。

（4）绑拉杆。拉杆的主要作用是将各自独立的每个骨架连接在一起，便之成一个固定的整体。拉杆要距立柱的顶端至少20cm，高度以不妨碍农事操作为宜。拉杆与每根立柱用绑丝绑紧。拉杆也可以用8号铁丝或12号钢丝代替。

（5）扣膜。选晴天无风的时间，将棚膜上好。两端拉紧后埋入土中至少40cm。扣膜的关键是要绷紧拉平不留褶皱，两侧放风用围子1.5m宽，上沿与大膜重叠20~30cm。下端埋入土中30~40cm。

（6）上压膜线。压膜线一般用8号铁丝。地锚用砖或石块绑上8号铁丝埋于地下至少40cm，不能过浅。否则遇大风天气，易将地锚从上中拔出。地锚埋的位置与棚外沿相平即可。每骨架间设置2个地锚，拴一根压模丝。先将压模丝一端与其中一个地锚固定，然后压在棚膜上，拉紧压模丝，将另一端拴在另一个地锚上，过几天后选一晴天再将压模丝重新拉紧1次。

（7）装门。为进出大棚方便，又不损伤棚膜，要在大棚的一端装门。一般早春季节多刮北风，因此，门最好安在大棚的南面。门宽80~90cm、高1.8~2m，用竹竿或木杆做成框架，钉上薄膜即可。

4. 建造大棚应遵循的原则

（1）选地势开阔、平坦，或朝阳缓坡的地方建造大棚，这样的地方采光好，地温高，灌水方便均匀。

（2）不应在风口上建造大棚，以减少热量损失和风对大棚的破坏。

（3）不能在窝风处建造大棚，窝风的地方应先打通风道后再建大棚，否则，由于通风不良，会导致作物病害严重，同时，冬季积雪过多对大棚也有破坏作用。

（4）建造大棚以沙质壤土最好，这样的土质地温高，有利作物根系的生长。如果土质过黏，应加入适量的河沙，并多施有机肥料加以改良。土壤碱性过大，建造大棚前必须施酸性肥料加以改良，改良后才能建造。

（5）低洼内涝的地块不能建造大棚，必须先挖排水沟后再建大棚；地下水位太高，容易返浆的地块，必须多垫土，加高地势后才能建造大棚，否则，地温低，土壤水分过多，不利于作物根系生长。

（6）建造大棚的地点要水源充足，交通方便，有供电设备，以便管理和产品运输。

（7）大棚建造的方位应南北延长，大棚的侧面向东西，则大棚内光照分布均匀。大棚棚与大棚左右之间距离，是大棚高的的2/3。两大棚之间距离过大，浪费土地，过近影响大棚透光和通风效果，并且固定大棚膜等作业也不方便。

三、大棚的性能

1. 温度

由于薄膜上没有覆盖保温材料，棚内气温直接受外界温度变化的影响，变化剧烈。在不同季节有明显的温度差异。棚内温度日变化比外界气温也剧烈，在3月当外界气温尚低时，棚内气温可达15~38℃，比外界高2.5~15℃，棚内最低气温比外界高2~3℃，4月棚内外温差可达6~20℃。5—6月大棚内外温差可达20℃以上，如通风不及时，会发生高温为害，严重时秧苗会烤伤

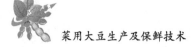

或导致死亡。

大棚温度日变化比较剧烈。夜间温度变化同露地变化趋势一致，一般棚内外温差 3～6℃。白天最高气温出现在 12:00—13:00，14:00—15:00 以后棚内开始降温。3—9 月大棚昼夜温差为 20℃ 左右，有时可达 30℃ 左右，这对豆类蔬菜栽培十分有利。棚温日变化的剧烈程度与棚体大小、季节、天气情况密切相关。大棚温度变化规律是：外温高，棚温高；季节温差明显，昼夜温差大；晴天温差大，阴天温差平稳。大棚覆盖面积大，地温增长不如小拱棚快，但地温上升后比较稳定，没有剧烈变化，保温效果明显优于小拱棚。

2. 湿度

大棚在密闭的状态下，空气湿度很高，有时夜间会达到饱和状态。其变化规律是：棚温升高，则相对湿度降低；棚温降低则相对湿度升高；晴天、风天相对湿度降低；阴雨天相对湿度升高。春季进行豆类蔬菜栽培，每天日出后，随棚温升高，植株叶片蒸腾量和土壤水分蒸发加剧，若不及时放风，棚内湿度也会大增。

3. 光照

大棚光照条件除受自然条件、时间、天气等因素的影响外，主要与建棚方位、棚型结构、覆盖材料有密切关系。南北向延长的大棚，棚内水平方向上获得较均匀的光照，而东西向延长的大棚南北侧的光照差异较大。竹木结构大棚则比镀锌管材大棚光照低 10% 左右，不同质量的塑料膜，其棚内光照差异也较大。新膜比旧膜透光率高，无滴膜比有滴膜透光率高。新膜透光率达90%，而被灰尘污染的老化膜透光率仅为 70%～80%。大棚无外保温设施，见光时间与露地相同，受光条件优于温室，但低于露地。

第五章 菜用大豆栽培技术

菜用大豆喜温怕涝，适宜于夏季高温的温带地区。种子发芽温度10~11℃，15~20℃大中棚栽培可提前至2月中下旬播种，5月初可上市。苗期耐短时间低温，适温20~25℃，低于14℃不能开花。生长后期对温度敏感，温度过高提早结束生长，过低种子不能完全成熟。1~3℃植株受害，-3℃受冻死亡。菜用大豆为短日照作物，有限生长早熟种对光照长短要求不严，无限生长晚熟种属短日照作物，北种南移提早开花，南种北移延迟开花。菜用大豆需水量较多，种子发芽需吸收大于种子重量的水分，苗期需土壤持水量60%~65%、分枝期65%~70%、开花结荚期70%~80%、荚果膨大期70%~75%。菜用大豆对土质要求不严，以土层深厚、排水良好、富含钙质及有机质土壤为好，pH值6.5。需大量磷、钾肥，磷肥有保花保荚、促进根系生长、增强根瘤菌活动的作用，缺钾则叶子变黄。菜用大豆从播种到第一朵花形成为生育前期，开花前30天左右开始花芽分化，这一时期以营养生长为主，是营养物质积累期。开花期14~30天，这时期生长最旺盛、营养生长与生殖生长同时进行，花后2周，豆粒急剧增大，需大量水分、养分，肥水供应不足，引起植物早衰，造成落花落荚。一般露地播种适期在4月上旬，6月下旬可采收鲜荚上市。采用地膜加小拱棚栽培在2月下旬播种，地膜栽培在3月中下旬播种。

第一节　露地栽培

一、品种选择

特早熟栽培的菜用大豆品种，首先必须是生育期较短，一般播种至商品成熟 55~65 天。还应根据消费习惯和市场需求选择菜用大豆的其他经济性状，如在品质方面应当豆粒大，易煮烂，风味好；在商品性方面应当要求豆荚饱满，2~3 粒荚居多，而且豆荚的白色茸毛比棕色茸毛在外观上显得更新鲜、更嫩一些，在选择品种时也需要一并考虑。在植株的农艺性状方面，宜选择株形直立，生长势旺，有限生长类型，豆荚鼓粒快，成熟整齐，易剥，豆粒色泽嫩绿的品种。早熟露地栽培可选用青酥 2 号等早熟品种。

二、选地整地

特早菜用大豆的栽培最好不要连作，同一地块应相隔 1~2 年，土壤应富含有机质，且有相当保水力的近中性土壤，酸性土壤应施石灰中和，普通土壤也应每亩施 5.0~7.5kg 石灰，可减少根部病害，促进植株生长。

三、适期播种

特早菜用大豆的早熟露地栽培，通常于 3 月中下旬左右播种，加地膜覆盖，可促进出全苗齐苗，或采用育苗移栽的方法。最好采用小高畦栽培。畦面宽 80~100cm，畦高 20~25cm。露地通风性好，可适当提高播种密度，以穴距 25cm，行距 30cm，每穴 3~4 粒为佳。

四、平衡施肥

菜用大豆是需钾肥和微量元素较多的作物。要改变过去菜用大豆生产上只施基肥，不重视追肥，只施大量元素肥料，不施微量元素肥料的粗放管理的传统。要求底肥多施磷钾肥，氮肥适当追施，一般每亩施用进口复合肥 50kg（氮、磷、钾含量分别为15%）做底肥；采用根瘤菌拌种或用硼砂、钼酸铵处理种子，可有效地提高产量和改善品质。使用浓度为 0.05% 硼砂溶液浸种 1小时或用 0.02% 钼酸铵浸种 12 小时。在初花期视植株长势追施氮肥 2~3 次，每次每亩用尿素 4~5kg，可显著提高单产。在植株开花结荚期，叶面喷肥，能使植株较快地吸收，促进植株生长发育，保花保荚，使菜用大豆籽粒饱满，增加产量，提高品质。

五、水分管理

菜用大豆苗期怕涝，适宜的土壤湿度为土壤田间持水量的60%~65%，主要以"控"为主；而分枝期干旱不利花芽分化，以"促"为主，但水分不宜过大；结荚到鼓粒期蒸腾强度迅速上升，需水量多，保持土壤水分占田间持水量的 70%~80% 最为适宜。但菜用大豆耐涝性差，土壤湿度过大会导致烂根，花荚大量脱落。因此，灌后田间不宜积水。

六、摘心打顶

摘心打顶可以抑制生长，防止徒长，提早成熟，摘心一般在初花期进行。

七、分批采收

一般分 3~4 次采收。开始 2~3 次可在植株上选择籽粒已饱满，但豆荚仍为青绿色的采摘，最后再连株采收 1 次。避免了一

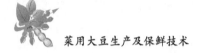

次性采收因豆籽饱瘪不一或豆粒成熟度不够，对商品性产生的影响，可增加产量，也可提早上市。

第二节　地膜覆盖栽培

在我国北部积温低的地区和长江流域地区，早春播种菜用大豆用地膜覆盖栽培技术，能大幅度提高菜用大豆单产，提早上市，相对大棚菜用大豆成本低得多。其主要原因：一是能提早播种，延长菜用大豆生长期，覆膜栽培播期一般较正常播期提早10~15天，如适当选用偏晚熟品种，生长期将延长，有利于菜用大豆增产；二是可增加土壤温度，保墒蓄水，覆膜后耕层土壤温度较露地提高 2℃ 以上，水分增加 1% 左右；三是覆膜可抑制菜用大豆苗期杂草，避免重复用药；四是覆膜能促进菜用大豆营养生长和生殖生长，除了加快菜用大豆生长速度，还能增加主茎节数和分枝数，增加叶面积，推迟叶片衰老。菜用大豆开花和成熟相应提早 2~3 天，单株荚数和粒重都有所增加。覆膜菜用大豆要增产应做好以下几项工作：其一是要选用熟期适中的品种，如果要求早上市，则要选用早熟品种，为获得高产，中晚熟品种比较合适，一般比正常播种品种晚 10 天左右的品种容易获得高产；其二是要在播后覆膜前进行化学除草；其三是要及时破膜或扩孔放苗；其四是要重施叶面肥防早衰，一般应在分枝期和花荚期各用 1 次。

一、品种选择

地膜栽培可选择台 75、292、早生翠鸟等品种。

二、播种育苗

1. 播种时间

影响早春菜用大豆播种期的主要因素是温度。一般在土壤5~10cm土层日平均地温达到12~15℃时播种较为适宜。据土温测定，地膜十小拱棚覆盖温度通过时间为2月下旬至3月上旬，而地膜覆盖的在3月中旬，结合出苗率、产量综合分析，采用小拱棚十地膜覆盖育苗的适播期为2月25日至3月15日，地膜直播适播期则为3月10日至3月13日。

2. 育苗方式

根据早春季节低温阴雨天气较多的气候特点，为保证大田菜用大豆种植密度，江苏省一般采用育苗移栽为好，选地势高燥、排水良好地块作苗床，播前深翻晒土。由于菜用大豆苗期短，子叶肥厚，苗期营养以子叶供应为主，若苗床土为菜园土，养分充足，可不必施肥；若为水稻土，则结合整地亩施磷肥40kg、钾肥5kg做底肥。按苗床宽1~1.1m做畦。播种选晴天上午进行。把精选后粒大饱满、无病斑、虫蛀的种子撒播到苗床上，以种子不重叠为宜，播种量1kg/m²左右。播后覆盖2~3cm细松土，然后平铺一层地膜，用2m长拱形竹搭好小拱棚，盖好棚膜，并用土密封。苗床管理，棚四周开挖深沟，沟深25cm，保证雨天排水畅通，以免苗床水分过多，引起烂种；出苗前密闭棚膜保温保湿，出苗后（一般播后10天左右）及时揭掉地膜，棚温白天保持20~25℃，夜间13~17℃；适时移栽，菜用大豆根系再生能力较弱，需严格掌握移栽期，一般以子叶展开到第一对真叶抽生（即出苗后1周左右）为最佳移栽期。

3. 整地作畦

菜用大豆对土质要求不严，但要获得较高产量应选择土层深厚、排水良好、含有机质丰富的土壤为好。若前作为水稻，则冬前进行深翻晒垄，以风化土壤；若前作为蔬菜，则在定植前一周把前茬收割完打打，整理好土地。为减轻豆荚病斑，提高豆荚商品率，早春菜用大豆作畦时应采用深沟高畦，一般畦宽 1.2～1.4m，沟深 20～25cm。畦作成微弓形，为防止杂草生长。每亩可用 33%施田补乳油除草剂 267～330mL，加水 20～33kg，喷洒畦面并覆盖好地膜。

4. 施足基肥

早春菜用大豆一生需肥量较大，据试验，生产 100kg 鲜豆荚需吸收纯 N 4.33kg、P_2O_5 0.54kg、K_2O 201.95kg。若是水稻田或瘠薄土，则在冬前深翻时亩施 1 000～2 000kg 猪粪或土杂肥，种植前结合整地再施复合肥 20～30kg、磷肥 20～25kg 做基肥；若是菜园土，则土壤肥力较高，应根据前茬施肥量及吸肥情况具体决定，一般用 30～40kg 复合肥、20～25kg 磷肥做基肥，于整地时施入。

5. 合理密植

菜用大豆生长势较旺，如种植过密，容易引起徒长，通风透光差，分枝数减少，病、瘪荚增多，影响豆荚商品性；如种植过稀，则土地利用率不高，影响产量。据试验，台 75 早春种植密度：如每穴 3 株，亩定植 5 000 穴，行距 50cm；如每穴 2 株，则定植 7 000 穴，行距 30cm；基本苗数 1 4000～15 000 株。

6. 田间管理

（1）开沟排水。菜用大豆根系较浅，如春季雨水偏多、田间积水、植株生长减弱，易感染病害，影响产量和豆荚品质，因此，在生长期可通过培土加深畦沟，做到"三沟"配套，保证田间排水畅通。

（2）施好追肥。早春菜用大豆营养生长较旺，如基肥量足，则前期不必施肥，以免引起徒长。进入开花结荚期，植株对肥料需求量增加，此时植株吸肥量占总需求的80%以上，应及时追肥。初花期打孔追施尿素每亩20kg，结荚期可结合防病治虫用0.2%~0.3%磷酸二氢钾进行根外追肥1~2次，以促进豆荚充实饱满。

（3）防病治虫。早春菜用大豆病害以褐斑病为主，前期多发生在茎秆和中下部叶片上，后期主要在豆荚上，形成细小棕褐色斑点，影响豆荚重。种植过密，田间通风透光差，病害发生重；在结荚、鼓粒期，雨日多，雨量大，有利该病发生和蔓延。因此，在栽培中，第一要合理密植；第二要保持田间排水畅通，降低田间湿度；第三是农药防治，在初荚期可选用50%百菌清600倍液或77%可杀得500倍液进行喷药防治，间隔7~10天防1次，连防2~3次。

苗期害虫主要有蜗牛和小地老虎。可用6%密达每亩0.25~0.5kg诱杀蜗牛；诱杀小地老虎可用炒香菜饼拌90%敌百虫或用50%辛硫磷1 000倍液灌根。随着气温升高，蚜虫、蓟马发生量逐渐上升。一旦蚜虫发生为害，易诱发毛豆病毒病，需及时喷药防治，可选用0.5%海正灭虫灵1 500倍液或1%爱福丁2 500倍液、10%一遍净3 000倍液进行喷雾。

（4）适时采收。菜用大豆以食用鲜豆荚为主，采收期应根据加工、收购单位的要求和市场行情而定，一般在豆荚已鼓粒充实、色泽鲜绿时采收。切忌过早或过迟，以免影响产量和荚重。采收后放在阴凉处，保持新鲜。

第三节　小拱棚栽培

早春菜用大豆小拱棚栽培与地膜覆盖栽培基本相同，主要区别有以下几点。

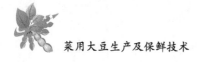

一、品种选择

早春菜用大豆小拱棚促早栽培，应选择耐寒性强、株型紧凑、生育期短的菜用大豆品种。目前主要栽培品种有 292、春丰早、青酥 1 号和青酥 2 号。

二、种子精选

菜用大豆种子因留种时间、产地、繁育技术不同，种子质量差异明显，要选择达到种子分级标准二级以上、生产单位有良好信誉的小包装种子。播种前要对购买的种子进行拣种，选择籽粒均匀饱满、色泽好的种子。

三、种子处理

播种前可用福美双、辛硫磷与种子按 1∶1∶100 的比例拌种，随拌随播。

四、播种时间

小拱棚+地膜覆盖栽培方式一般在 2 月中旬播种，品种以春丰早为宜，5 月中旬可上市。菜用大豆忌重茬，在同一块地上种植应间隔 1~2 年。

五、整地作畦

为降低棚内地下水位，整地一般采用小高畦，即畦面宽 100~110cm，沟深 20~25cm，沟宽 20cm 左右。畦作成微弓形。

六、适度密植

小拱棚栽培品种多为紧凑型，植株较矮，因此密度可适当提高，以穴播为主。小拱棚栽培一般每畦种 4 行，穴距 30cm 左右，行距 35cm，中间 2 行每穴播 3 粒，两边 2 行每穴播 4 粒。播种时穴底要平，种粒分散开，每亩播种量约 4kg。覆土以盖细土 2~3cm 为宜。播种后立即在整个畦面上覆盖一层地膜或搭小拱棚，并将棚膜四周扣牢压紧，增温保湿，以促进出苗、齐苗。待菜用大豆出苗后，立即破地膜护苗。

七、田间管理

1. 温湿度管理

小拱棚棚内温度超过 25℃ 时，要注意两头通风。一般在 3 月 20 日前后开始通风换气，要做到早开晚盖，背风掀膜；随着豆苗长高和温度升高，从畦中间由少到多掀膜开窗；到 4 月上中旬菜用大豆见花，每隔 2~3 个拱棚架开 1 个洞通风，阴雨天气不必通风；到 4 月 20 日谷雨，小拱棚即可收回。小拱棚菜用大豆盛花期控制在 4 月中旬，花期棚内日温保持在 23~29℃，夜温 17~23℃。菜用大豆生长后期，沟中应长期保持湿润。

2. 肥料管理

开花期是菜用大豆迫切需要氮素营养的关键时期，因此，在初花期每亩应及时追施腐熟人畜粪尿 500~700kg 或速效氮肥 20kg，同时，增施过磷酸钙 15kg，浇灌 1 次即可。地膜栽培可追施钾肥，以减少落花落荚。在结荚鼓粒期每亩可用磷酸二氢钾 400g、尿素 500g、托布津 100g，对水 50g，叶面喷施 2~3 次，能促进子粒膨大，提高粒重，提早上市。

八、注意事项

如采用小拱棚栽培，则不要用钾肥做基肥，原因是植株生长旺盛，到谷雨容易顶棚，导致植株顶部被灼伤，若揭膜，遇寒潮又易受冻，因此，可在终花期至初荚期或揭膜后 3 天再施钾肥。

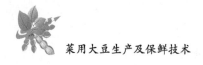

第四节 大棚栽培

长江流域地区为在"五一"节前后有新鲜菜用大豆上市，可在冬季种植大棚菜用大豆，但该区域冬季气温低于菜用大豆生长安全温度，需要用大棚覆盖。

一、大棚栽培的主要栽培模式与技术

菜用大豆不耐低温和和霜冻，在夏季高温多雨条件下生长不良。露地的栽培季节为月平均气温 10~25℃ 比较适宜为获得冬暖大棚菜用大豆丰产，大棚采光性能必须良好，安排茬次可根据设备性能，安排冬暖大棚越冬茬、冬春茬、早春茬、越夏茬和秋冬茬。

1. 暖大棚越冬茬栽培

9月下旬或10月上旬播种，11月下旬至来年的3月下旬为收获期。该茬温度条件差，光照弱，栽培密度要略小，产量较低，但产品价格较高，经济效益较好。

2. 冬暖大棚冬春茬栽培

11月下旬至12月上旬播种，3月上旬至5月下旬收获。此茬苗期低温，光照、温度都比较适宜，产量最高，经济效益也比较可观。

3. 冬暖大棚早春茬栽培

2月上旬至3月上旬黄河流域可育苗，3月下旬定植，4月下旬至6月上旬收获。山东省以北地区，育苗、定植时间应陆续向后推迟。

4. 越夏茬栽培

此茬口多是为充分利用6—10月冬暖大棚闲置期而进行生产

的，这一时期温度高、光照强，加之烟粉虱、白粉虱、美洲斑潜蝇等害虫为害非常严重，不适宜菜用大豆正常生长，必须配合使用遮阳网、防虫网等辅助设施进行越夏茬菜用大豆生产

5. 冬暖大棚秋冬茬栽培

9月上旬播种，10月下旬至来年1月下旬收获。这茬菜用大豆在前期温度光照还比较适宜时，完成开花坐荚过程，在低温来临期，荚果缓慢生长，维持到春节前上市。

二、品种选择

选择生育期短、对日照要求不严格、耐低温的极早熟或早熟类型的品种。

三、培育壮苗

1. 播前准备

精选粒大、饱满、色泽明亮、无机械损伤的种子，播前晒种1~2天，提高发芽率；用浓度1.5%的钼酸铵溶液1kg拌30kg种子，先用少量水将钼酸铵溶解，再加水使用，注意不能用铁器拌种。拌好的种子晾干待用，不能在阳光下照射。

2. 播种

采用大棚温床或冷床育苗的，以2月上旬至3月上旬播种为宜，播种量每亩4~5kg。苗床要高燥、精细整地并浇透水。撒播育苗的，以豆粒铺满床面而不相互重叠为度。采用营养钵育苗，每钵播3~4粒，播后覆土2~3cm，盖地膜增温保湿。2月上中旬播种育苗的，床面需加电热线加温。

3. 苗期管理

苗期棚温保持在20~25℃，尽量使光照充足，出苗前不浇水，一般7~10天后出苗。当幼苗子叶展开、第一对真叶由绿色

转成青绿色而尚未展开时，定植在大棚内。营养钵育苗的，可延迟到第二片真叶出现时定植。

4. 壮苗标准

苗龄 15~20 天，叶色深，子叶和基生真叶完整，胚轴粗短。

四、扣棚盖膜

定植前 10 天扣棚盖膜；定植前 7 天，亩施腐熟堆肥 1 500~2 000kg、过磷酸钙 25~30kg、草木灰 100kg（或钾肥 15kg）做基肥。若土壤过酸，可撒施生石灰调节。菜用大豆忌连作，必须与非豆类作物实行轮作，轮作期 2~3 年。宜选择土层深厚、土质疏松、排水良好、富含钙质及有机质的土壤进行种植。前作收获后翻耕，精细整地，按宽（连沟）1.4~1.5m 做畦，深沟高畦，畦面成龟背形。

五、定植

1. 定植时间

大棚套中棚加地膜覆盖栽培，在 2 月下旬定植；大棚加地膜覆盖栽培，在 3 月定植。

2. 定植密度

每畦种 4 行，穴距 20cm，每穴种 2 株，亩定植 7 000~10 000 株。

3. 定植方法

选择在晴天进行，定植前畦面覆盖地膜，定植时地膜破口要小。秧苗栽植深度以子叶距地面约 1.5cm 为宜，不能盖住心叶，定植后及时浇水，以利于成活。

六、定植后管理

1. 前期管理

定植后前期适当控制浇水，促进根系和茎叶生长。为促进菜用大豆花芽分化，白天保持棚温 20~25℃，夜间 12~15℃。白天气温超过 25℃ 时要及时通风。

2. 开花结荚期管理

此期间要维持白天棚内气温 20~27℃，夜间 15~18℃，尽量使植株多见光，延长见光时间。当嫩荚坐住后，结合浇攻荚水，每亩冲施尿素 5~10kg，硫酸钾 10~20kg 或氮磷钾复合肥 20~30kg。第一批荚采收后再进行追肥，尿素 5~10kg 或氮磷钾复合肥 10~15kg。之后每采收 2 次，追施 1 次速效肥，每亩追施磷酸二铵或氮、磷、钾复合肥 20kg 或速效化肥与腐熟的人粪尿交替追施。每次追肥后随即浇水。一般 7 天左右采收 1 次。早春阴雨天时，要注意使植株多见散射光，并坚持在中午通小风。久阴初晴时，为防止叶片灼伤，要适当遮阳，待植株适应后再大量见光。

七、田间管理

1. 温度管理

定植缓苗前不通风，以利于保温保湿、促进缓苗。缓苗后开始通风，棚温白天保持 22~25℃，夜间保持 15℃ 以上。当棚温超过 30℃ 时，应通风换气，以降低棚温，防止徒长。大棚套中棚栽培的，晴天中午应掀开中棚薄膜，以增加光照。

2. 补苗

定植后应及时查苗，发现缺苗或基生真叶损伤，应及时补苗。补苗用的苗最好是早熟育苗时的后备苗。补苗后要适当浇

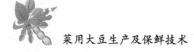

水，以保证活苗，以后再浇水数次，达到壮苗、齐苗。

3. 水分管理

幼苗一般不浇水，促进根系下扎，扩大吸收面积。菜用大豆开花结荚有"干花湿荚"的特性，因此，开花后水分宜少，不宜浇多，若湿度大，易落花落荚。菜用大豆耐涝性差，多雨季节要及时排水，防止涝害。

4. 追肥

菜用大豆幼苗根瘤菌固氮能力弱，应追施速效氮肥，以促进根系生长，提早抽生分枝，一般亩施 15%~20% 腐熟人粪尿 500~1 000kg。开花结荚期是菜用大豆需肥高峰期，为使菜用大豆结荚多、粒大饱满、提高产量，应重施速效肥，亩施 20% 腐熟人粪尿 2 000~2 500kg（或碳酸氢铵 20kg）、草木灰 50kg。用浓度 1%~2% 过磷酸钙浸出液叶面喷施，可减少落花落荚，加速豆荚膨大，增加粒重，提高产量。菜用大豆生育中后期如出现从植株顶部向基部叶子变黄的"金镶边"缺钾症状，可在清晨露水未干时，顺风向植株撒施草木灰数次，每亩 50kg。

5. 摘心打顶

盛花期和开花后期摘心打顶可防止徒长，促进早熟，一般可增产 5%~10%，提早成熟 3~6 天。

八、大棚菜用大豆病虫害综合防治技术

安全菜用大豆生产防治病虫草为害，其中，以有机菜用大豆要求最严，禁止使用人工合成的各种农药。绿色菜用大豆及安全菜用大豆虽允许使用部分农药，但必须严格遵守农药使用准则，必须选用高效、低毒、低残留的化学农药，防止使用农药超标。菜用大豆生产病虫害的防治，应尽量少用或不用人工合成的农药。积极推广使用生物源农药，推广生物防治、物理防治及农业综合防治。在这些防治技术中尤以农业综合防治最为重要。

（一）农业防治

1. 种子消毒

种子消毒即可以杀死种子表面附着的病菌，也可以杀死种子内部潜藏的病菌。处于休眠状态的种子，比病菌具有更高的抗热力。温水浸种就是利用种子与病菌耐热力的差异，选择既能杀死种子内外病虫，又不损伤种子生命力的温度进行消毒。操作时，必须严格遵守规定的温度及时间。

2. 工厂化育苗

所谓工厂化育苗就是提倡在洁净的自然环境或棚室内，用有机或无机的消毒基质，用隔离网室或用现代化的冬暖大棚控制温度、光、水、肥、气各种条件，并与外界隔离培育菜豆苗，防止病虫害的传染，为大面积定植提供优质的商品苗。

3. 轮作换茬

安全菜豆栽培必须实行轮作换茬，以减少病虫的滋生和积累。

4. 使用腐熟的畜禽堆肥

忌用新鲜的畜禽粪便新鲜的粪便含有病菌及寄生虫，不宜直接使用，一般应经堆制、发酵，在腐熟过程中杀死各种病菌、虫卵、杂草种子。并将肥料中的有机物质逐步分解为植物可以吸收的各种营养成分。近年各地大力发展沼气，将畜禽粪便及秸秆，一起投入沼气池中密封发酵，既能洁净环境，提供沼气能源，又能生产合格的有机肥料。一般沼液可作追肥，渣滓可做基肥，均是安全的优质肥料。

5. 耕作措施

（1）清除前面作物的残茬。烧毁或深埋前作残茬。枯枝病叶，减少病虫害发生的源泉。

（2）提倡深耕冻垡、晒垡。将不同深度土层中的病虫杂草

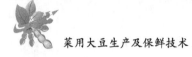

的孢子、卵块、种子、幼虫翻到土表，利用酷暑严寒、日晒雨淋、招来鸟兽家等天敌啄食，从而逐渐减少病虫害发生。

（3）提倡深沟、高畦、高垄不用漫灌，可免去因漫灌由水分传布病虫的可能性。提倡沟灌、渗灌，使栽培土壤下层湿润，土表干燥，这样的环境有利于菜豆的生长，不利于病虫害的发生。

6. 田间管理措施

（1）选用无病虫害的种苗分级定植通过育苗移栽，再一次淘汰具有病虫的种苗。定植时再按苗的大小、优劣，分级、分区定植，在管理工作中可以促小苗、抑大苗，以求生长及产品一致。

（2）改善光照，降低空气湿度，增强植株抵抗力采用适当稀植，改善光照，加加强通风透气条件。用地膜覆盖或铺草等方法，覆盖地面，降低空气湿度，避免土传病虫滋生蔓延。

（3）调控土湿度，充分利用深沟高畦、高垄栽培如有条件可发展膜下滴灌，创造一个表面土壤干燥，里面土壤湿润，有利于菜豆生长，不利于病虫发生的环境。

（二）物理防治

1. 高温焖室

下茬作物种植前半个月左右，整地、打硅、浇足水、铺好冬暖大棚膜，再在室内分 3～4 堆点燃硫黄粉 2.5～3kg 亩 85% 敌敌畏 350～400mL，点火后立即严密封闭冬暖大棚，高温焖室 7～10 天。焖室应在九月底以前完成，这时气温较高，焖室后室内温度可达 70℃ 以上，土温可达 60℃ 左右，能较彻底地消灭冬暖大棚内残存的病虫。

2. 隔离措施

（1）地膜覆盖栽培可提高保墒能力，减少灌溉次数，减少病虫害传播的机会。在棚室内地膜覆盖能降低室内空气湿度，减少病虫发生的条件。

（2）加盖防虫网在大棚所有通风口处均覆盖防虫网。在封闭或半封闭式的环境条件下进行生产，以减少病虫害的侵入。

3. 驱避措施

在棚室上面、周边张挂银灰色的薄膜条或覆盖银灰色的遮阳网，在地面覆盖银灰色的地膜，可以驱避蚜虫，防止病毒的传播。

4. 诱杀措施

（1）黄板诱蚜。在大棚内张挂黄颜色的黄板，板上涂有黏液，引诱蚜虫飞至黄板上粘住杀死。

（2）糖醋诱杀。糖醋一般可诱杀小地老虎、斜纹夜蛾等害虫配置方法为 6 份糖、3 份醋、1 份高度白酒，加 10 份水，再加 90%敌百虫 1 份，调匀后装入小盆或大碗内，置于大棚内。

（3）性诱剂诱杀。菜蛾性诱剂每只诱芯含合成性诱剂 50mg，用铁丝吊在离水面 1cm 的上方，水盛在盆内，并加适量洗衣粉，每盆诱杀半径约 100m，持效期为 1 月以上。

（三）生物防治

1. 以虫治虫

在甘蓝夜蛾产卵期释放赤眼蜂，一次释放量 2 000~3 000 只每亩平均分布 6~8 个释放点，每隔 5 天放 1 次，连放 2~3 次。

2. 以菌治虫

菜青虫可用国产 Bt 乳剂或青虫菌 6 号液剂防治，通常采用 500~800 倍稀释浓度。菜蛾可用 Bt 乳剂，对水 500~1 000 倍，约 1 亿个孢子/mL，可使菜蛾幼虫大量感病死亡。以菌治虫气温在 20℃以上喷施效果较好。

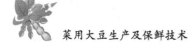

3. 以天然植物治虫

用草木灰防治葱蝇、根蛆、蚜虫、金龟子等。此外，用除虫菊、烟草叶、蓖麻叶的浸出液能杀死蚜虫、椿象、根蛆、地老虎、金龟子、小菜蛾等许多虫害。近年来发现，藜芦碱、苦参碱、印楝素等都有很好的防虫效果。

4. 以蛙、禽等动物治虫

保护或放养青蛙、蟾蜍、鸡、鸭等动物，既可啄食田间害虫，又可增加收入。

（四）化学防治

化学防治是利用化学农药防治病虫害，化学农药虽有污染环境、破坏生态平衡、产生抗性等弊病，但是由于它具备防治对象广、防治效果好、速度快，能进行工业化生产等特点。因此，它仍是冬暖大棚防治病虫害的最主要措施，离开化学防治，冬暖大棚的稳产、高产、高效实际上是不可能实现的，为提高防治效果，做到安全生产，在进行化学防治时应注意以下几点。

（1）科学选药，对症下药。选择高效、低毒、安全、无污染的农药，合理配药，切勿随意提高施用倍数和与几种不同性质的农药胡乱混配，以免发生药害、造成药品失数。例如，含铜、锰、锌等农药，与含磷酸根的叶面肥混用，则铜、锰、锌等金属离子会被磷酸根固定而使农药失效。

（2）交替使用农药。切勿一种农药或几种农药混配连续使用，以免产生抗药性，降低防治效果。

（3）切勿重复喷药，以免发生药害。

（4）灭虫时应尽量选用生物农药，如苏云金杆菌、青虫菌、杀螟杆菌等；或者选用激素农药，如25％天达灭幼脲3号，这类药品对人畜安全，不污染环境，对有益昆虫无杀伤力。对害虫不产生交互抗性，其选择性强，既能保护天敌、维护生态平衡，又能有效地控制害虫为害。

（5）提高配药质量和喷药质量。用药时应科学地掺加黏着剂或其他增效剂等，以提高防效。喷洒可湿性粉剂药液时，应掺加黏着剂或皮胶，以提高药品的分散性与黏着性，延长药效；喷乳油制剂消灭蚜虫、白粉虱等害虫时，应掺加中性洗衣粉，增加其浸润性，提高防效。

多数病菌都来自土壤，且叶片反面的气孔数目明显多于正面，病菌很容易从叶片反面气孔中侵入，引起发病。因此，喷药时要做到喷布周密细致，使叶片正反两面、茎蔓、果实、地面，都要全面着药，特别是地面和叶片反面，更要着药均匀。

（6）喷药应及时、适时，真正做到防重于治。每种药品都有一定的残效期，如果喷药间隔时间太长，势必给病虫提供可乘之机，对作物造成为害。

（7）消灭病虫要做到彻底铲除。冬暖大棚栽培与大田栽培不同，因其封闭严密，在灭虫、防病时要做到彻底干净，坚决铲除，以免留有后患。例如，防治白粉虱、美美洲斑潜蝇和蚜虫时可用80％敌敌畏熏蒸，每亩冬暖大棚250mL，每5~7天喷1次连续2~3次。将其消灭干净，以免残留害虫，为以后防治带来困难。又如在菜豆霜霉病初发病时，仅有少量病株和叶片，可用高倍数农药抹病斑，将病菌彻底消灭，以免造成再次侵染。只要用药合理，防治及时、细致，喷药周密，即可有效地防治病虫害。

（8）冬暖大棚栽培菜豆，严禁使用高残留、剧毒农药。例如，呋喃丹、1605、氧化乐果、久效磷、甲胺磷、甲基异柳磷、杀虫脒等。确保人民群众的身体健康与生命安全，避免以上药品污染产品和环境。

九、采收

菜用大豆以嫩荚为产品，及时采收可提高品质和产量。采收过早影响产量；采收晚了不但品质下降，还会由于种子的发育，需要较多的营养物质分配到新生部分，使花蕾和刚开花结部分的养分减少，造成落花落荚现象发生严重，同时，促使植株衰老，影响后期产量。菜用大豆在其果实发育过程中，种子才充实起来。菜用大豆的适宜采收期是落花后 10~15 天采收嫩荚。气温较低，开花后 15~20 天采收；气温高，则开花后约 10 天采收。当豆荚由扁变圆、颜色由绿转为淡绿、外表有光泽、种子略为显露或尚未显露时即应采收。

豆荚的食用成熟度，还可根据豆荚的发育状态、主要化学成分的变化及荚壁的粗硬程度来判断。花后 5~10 天豆荚便明显伸长。作嫩荚食用的，在花谢后 10 天左右采收；作脱水和罐藏加工用的，产品规格要求严格，在花谢后 5~6 天采收粒用种在花后 20~30 天内完成种子的发育后采收。豆荚的化学变化主要是由淀粉转化为糖，而种子的成熟过程，是由糖转化为淀粉以及由非蛋白质的氮素合成为蛋白质，水分也渐渐减少，此种转化在采收以后及贮藏期间仍在继续进行。此外，豆中的纤维除缝线处的维管束外，还存在于中果皮的内层组织中，它最初为一层细胞所组成的薄壁组织，其后细胞的层数增加，纤维增多，使荚壁变得粗硬，所以，供食用的，宜在豆荚已基本长大、荚壁未硬化时采收。

菜用大豆的采收、分级、包装、贮藏和运输是菜用大豆生产栽培的延续，也是连接生产者和消费者的主要环节，只有及时而无损伤的采收，良好的包装，安全的运输，优质的贮藏保鲜技术，才能为市场提供优质安全的产品，达到菜用大豆生产的最终目的，进而获得良好的社会效益和经济效益。

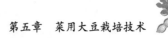

一般来讲，矮性菜用大豆从播种至初收，春播 50～60 天，秋播约 40 天，采收期约半个月，可连续采收 15～20 天或以上。蔓性菜用大豆春播，生育前期受低温影响，生长较慢，自播种至初收 60～90 天；秋播播种至初收 40～50 天，采收期 30～45 天或更长。

菜用大豆采收最好在早上或傍晚进行。早上采收豆荚不但含水量大、光泽好，而且温度低、水分蒸发量小，有利于减少上市或长途运输过程的水分消耗；中午或温度高时采收果实含水量低，品质差；傍晚采收豆荚品质好，枝叶韧性强，采收不易伤害植株。保护地栽培时阴雨天和灌水后也不宜采收，因为，此时设施内湿度大，甚至果面结露，有利于病菌的侵染和繁殖，采后果实在贮藏和运输过程中易发生病害。

第六章 豆类蔬菜的主要病虫害防治

第一节 农业防治

农业防治是一种经济有效的防治病虫害的措施，它是需要结合栽培过程中的各种措施来避免或减轻病虫害的方法。通过创造最适宜的生长发育条件，使植株生长健壮，提高本身的抗病、抗虫能力，使病虫害处于不发生、少发生或控制发生的范围之内。农业防治主要包括以下措施。

1. 选用抗病品种，培育适龄壮苗

针对当地主要病虫害发生情况，要选用抗病、优质、高产的品种或杂种一代。应从无病地块和无病种株上采种。在播种前要筛选千粒重高、籽粒饱满的种子，除去瘪籽、有损伤的种子。在播种前，用温汤浸种或用药剂拌种杀死种子表面携带的病菌。通过培育适龄壮苗、进行低温炼苗等措施，提高植株抗逆性。

2. 控制好温、光、湿度，创造适宜的生育环境条件

露地栽培时，可以通过浇水、中耕等措施，改善根系及地面的小气候条件。特别在保护设施栽培时，可采用放风和辅助加温等措施，控制好不同生育时期的适宜温度，避免低温和高温的为害。要通过地面覆盖、滴灌或暗灌、控制浇水量、通风排湿、温度调控等措施，控制空气相对湿度在最佳指标范围；露地栽培通过采用深沟高畦、采取适宜的浇水方式、严防积水等措施控制土壤含水量，形成不利于病虫害发生和蔓延的小气候环境，控制病虫害的发生。

3. 轮作换茬

在同一地块至少隔 2~3 年再进行豆类栽培，有条件的地区实行水旱轮作或夏季灌水闷棚。

4. 清洁田园

将残枝败叶和杂草清理干净，集中进行无害化处理，保持田间清洁，以消除和减少侵染性病虫害的传染源。

5. 科学施肥

测土平衡施肥，增施充分腐熟的有机肥，少施化肥，防止土壤盐渍化。

第二节 生物防治

利用有益的微生物和昆虫防治病害，可以减少污染，生产出有益于人体健康的绿色食品。利用生物菌肥，既有增产效果，又可防病。积极保护利用天敌防治病虫害。有条件的可在保护地内释放丽蚜小蜂控制粉虱，如用浏阳霉素防治红蜘蛛等。选用 1% 武夷菌素可湿性粉剂 150~200 倍液喷雾防治灰霉病、白粉病；还可用植物源农药（如藜芦碱、苦参碱、印楝素等）和生物源农药（如齐土效螨素、农用链霉素、新植霉素等）防治病毒和线虫等病害。

第三节 物理防治

1. 设施防护

温室和大棚的放风口使用防虫网封闭，夏秋季覆盖塑料薄膜、防虫网和遮阳网，进行避雨、遮阳、防虫栽培，减轻病虫害的发生。

2. 黄板诱杀

保护设施内悬挂黄板诱杀蚜虫、白粉虱等害虫。规格为 25cm×40cm 的黄板，每亩需悬挂 30~40 块。或采用银灰膜驱避蚜虫，按每亩铺 5kg 银灰色地膜，或者把银灰膜制成 10~15cm 宽的膜条，纵拉网于植株上面，也可张挂银灰膜条避蚜。

3. 高温消毒

棚室种植的，可在夏季覆盖薄膜利用太阳能进行土壤高温消毒，或将塑料棚严密封闭，进行高温闷棚，杀灭棚间及土壤表层的病、虫、菌、卵等。

4. 杀虫灯诱杀害虫

利用频振杀虫灯、黑光灯、高压汞灯、双波灯诱杀害虫。

第四节　菜用大豆主要病害及防治方法

1. 菜用大豆根腐病

【病害介绍】菜用大豆根腐病是世界各大豆产区的重要病害。在我国菜用大豆根腐病主要分布于东北地区和内蒙古自治区（以下简称内蒙古）以及西北、黄淮等地，尤其是黑龙江省三江平原和松嫩平原发生最重。全国各菜用大豆产区根腐病一般田块发病率为 40%~60%，重病田达 100%，一般年份减产 10%，严重时损失可达 60%。该菌寄主范围广，主要以休眠菌丝或菌核度过不良环境，成为翌年初侵染源。发病轻重与播期及播种深度有关，播种过早或过深，均因土温低，幼苗出土缓慢而染病。此外，黏土、排水不良、重茬及耕作粗放的发病重。

【为害症状】主要发生在菜用大豆根部，整个生育期均可感染。

初期茎基部或胚根表皮出现淡红褐色不规则的小斑，后变红褐色凹陷坏死斑，绕根茎扩展致根皮枯死，受害株根系不发达，根瘤少、地上部矮小瘦弱，叶色淡绿，分枝、结荚明显减少。出土前种子受害腐烂变软，不能萌发，表面生有白色霉层。种子萌发后腐烂的幼芽变褐畸形，最后枯死腐烂。

幼苗期症状主要发生在根部，主根病斑初为褐色至黑褐色或赤褐色小点，扩大后呈棱形、长条形或不规则形的稍凹陷大斑，病重时病斑呈铁锈色、红褐色或黑褐色，皮层腐烂呈溃疡状，地下侧根从根尖开始变褐色，水浸状，并逐渐变褐腐烂，重病株的主根和须根腐烂，造成"秃根"。病株地上部生长不良，病苗矮瘦，叶小色淡发黄，严重时干枯而死。

成株期，病株根部形成褐色斑，形状不规则，大小不一，病重时根系开裂木质纤维组织露出，植株的地上部叶片由下而上逐渐发黄，先底部2～3片复叶变黄，以后整株叶色浅绿，感病植株矮化，比正常植株矮5～8cm。发病植株须根较正常植株少30～34条，根瘤较正常植株少20～25个。开花结荚期为发病高峰期，田间出现大量黄叶，病株矮化，根系全部腐烂，导致病株死亡，轻者虽可继续生长，但叶片变黄以至提早脱落，结荚少，子粒小，产量低。

菜用大豆根腐病在田间发生往往呈"锅底坑"状分布，形成圆形或椭圆形的发病点。

【防治措施】引起菜用大豆根腐病的病菌多为土壤习居菌，且寄主范围广，因此，首先必须采用以农业防治为主，其次与药剂防治相结合的综合防治措施。

（1）农业防治措施。

①选育和利用抗病品种。

②适时晚播：适时晚播发病轻，地温稳定通过7～8℃时开始播种，并注意播深为3～5cm，不能超5cm。

③合理轮作：实行与禾本科作物3年以上轮作，严禁重

迎茬。

④垄作栽培：垄作有利于降湿，增温，减轻病害。

⑤雨后及时排除田间积水，降低土壤湿度减轻病情：及时翻耕、平整细耕土地，改善土壤通气状态，减少田间积水，适时中耕培土，促进根系发育，防治地下害虫，增施有机肥，培育壮苗，增强抗病力。在春季气温低，土壤黏重的为根腐病常发区，提高耕作水平是一项重要的防病措施。

⑥施足基肥，种肥，及时追肥：应用多元复合液肥进行叶面施肥，弥补根部病害吸收肥、水的不足。

⑦中耕培土：及时进行中耕培土，促进地上茎基部侧生新根的形成，恢复生长。

（2）化学防治措施。

①种子处理：通过药剂拌种，可推迟侵染期，常用方法有以下几种。

种衣拌种　用含有多菌灵、福美双和杀虫剂的大豆种衣剂拌种，种衣剂用量为种子重量的1%～1.5%，可以预防根腐病和潜根蝇。

混剂拌种　用多福混剂拌种，用种子重量的0.4%药剂进行湿拌，为了增加附着性，可用聚乙烯醇液做黏着剂。

适时加阿普隆拌种　每100kg种子用2.5%适乐时150mL乳油加20%阿普隆40mL拌种。由于药剂拌种后，药效只能持续15～25天，一定要采用中耕培土措施，以利于侧生新根形成，以便及时补充肥、水。

生物制剂拌种　可用菜用大豆根保菌剂，每公顷所需菜用大豆种子用1500mL液剂拌种；或菌克毒克拌种，用种子重量1%～1.5%的2%菌克毒克水剂拌种。

②生物试剂与种肥：大豆根保菌剂颗粒剂，用30kg/hm² 与种肥混施。

③药剂防治：已发病的田块，应及时喷施叶面肥及植物生长调节剂如尿素和磷酸二氢钾等，或喷施2%菌克毒克（宁南霉素）以增强植株的抗病性，促进病株新根的生成，增强植株的再生能力。配合比例是小叶敌400~500倍液，2%万佳丰水剂3 000倍液、尿素150~200g/亩、磷酸二氢钾100~150g/亩。2%菌克毒克用量为50mL/亩。

2. 菜用大豆疫病

【病害介绍】菜用大豆疫病是典型的土传病害，是大豆上的毁灭性病害，被列为中国进境植物检疫一类危险性有害生物，也被列入全国农业植物检疫性有害生物名单。该病广泛分布于美国、巴西、阿根廷等10多个国家，除中国外，大豆疫霉还是欧洲和地中海植物保护组织（EPPO）A2类检疫性有害生物，土耳其和巴西也将菜用大豆疫霉列为检疫性有害生物。所造成的损失极为严重，该病菌主要通过土壤、病残体及种子表皮内的卵孢子进行传播，在菜用大豆的整个生育期均可发生并造成为害，在感病品种上可造成损失25%~50%以上，个别高感品种损失可达100%，导致颗粒无收。

【为害症状】为菜用大豆的主要病害，整个生育期均可发生。菜用大豆细菌性疫病主要侵染菜用大豆的叶、茎蔓、豆荚和种子，以为害叶片为主。在菜用大豆出苗前可以引起种子腐烂，出苗后可以引起植株枯萎。

苗期感病植株表现为出苗差，近地表茎部出现水浸状病斑，叶片变黄萎蔫，一般在叶片的叶尖或叶缘始发，初生暗绿色油渍状小斑点，扩展后为不规则形暗绿色斑或暗褐斑，晴天中午可见病叶反卷、枯萎、最后变黄，病斑相互合并大块组织变褐枯死，一旦遇到阴雨天，可迅速扩展到整个田块，严重时植株猝倒死亡。

成株期植株受侵染后下部病斑褐色，并可向上扩展，茎皮层及髓变褐；根腐烂，根系发育不良；未死亡病株的荚数明显减少，空荚、瘪荚较多，籽粒缢缩。由于在潮湿条件下，根部侵染的病菌可以产生大量游动孢子，孢子随雨水飞溅，为害茎部和叶片，甚至出现病荚，其症状为绿色豆荚基部出现水浸状斑，病斑逐渐变褐并从豆荚呈黄褐色干枯，种子失水干瘪。

【防治措施】

（1）农业防治措施。

①严格执行检疫制度：受侵染的植株种皮、胚和子叶均可带菌，而土壤病残体中的卵孢子是病菌在土壤中长期存活的主要形式和初侵染源，游动孢子则是在作物生长季节中病害的主要传播方式，依靠雨水进行传播。因此，不要从疫区引种。

②培育抗、耐病品种：由于菜用大豆疫霉和菜用大豆品种间存在专化性或基因对基因的关系，因此，培育和应用抗病品种是一种直接的、经济的防治措施和策略，但长期应用抗病基因易导致新的生理小种的建立和积累，最终克服该抗病基因，这个过程需8~10年。耐病品种的遗传方式比较稳定，但耐病机理尚不清楚。在中等发病年份，耐病品种和抗病品种一样，没有任何产量损失；但在适宜大豆疫病发生年份，耐病品种的产量损失仍有24%。但利用抗病品种仍然是最有效的防治手段，在发病区就广泛使用抗病品种、耐病品种，避免使用感病品种。国内也鉴定出一批品种和抗源材料，如绥农15、绥农8、吉林5号等品种（系）表现出较强的抗性。

③加强栽培管理：大豆避免种植在低洼、排水不良或重黏土上。早播，少耕，窄行，使用除草剂等都能使病害加重，加强耕作，防止土壤板结，增加水的渗透性，可减轻发病。用不感病作物轮作，以减轻发病和田间损失。

④土壤湿度是影响菜用大豆疫病的关键因素之一：土壤的松密度也与病害的严重程度呈正相关，降低土壤渗水性、通透性的

措施都将加重菜用大豆疫病的发生。减少土壤水分，增加土壤通透性，降低病菌来源的耕作栽培措施，都可以减轻菜用大豆疫病的发生程度，所以，栽培菜用大豆应避免种植在低洼、排水不良或黏重土壤中，并要加强耕作作业，如采用平地垄作或顺坡开垄种植，田间耕作采用小型农机，雨后田间排水通畅等都对防治菜用大豆疫病有利。

⑤避免连作，在发病田用不感病作物轮作4年以上，可减轻发病。

（2）化学防治措施。

①种子处理：一是种衣剂拌种。选用正常量的种衣剂加2.5%适乐时150mL或35%金阿普隆100mL。二是目前广泛应用的防治病霉属Phytopthora spp.疫病的杀真菌剂是瑞多霉。用瑞多霉做种子处理时可有效抑制苗期猝倒。瑞多霉是内吸性杀真菌剂，主要集中在地上部分，保护根系的能力较弱。此外，瑞多霉还可用做土壤处理，尤其是和耐病品种结合应用时效果较好。三是生物制剂拌种：生物防治是控制大豆疫病的一个重要途径，C95制剂是1995年引进的一种生物活性制剂，具有抗菌活性，并具有化学免疫功能，可诱导植物产生抗性，提高被害植株的抗病性。如利用高耐病品种加种衣剂处理，以防病害的发生、发展。

②药剂防治：苗期发现可用2.5%适乐时对水叶面喷施，加强耕作。

3. 菜用大豆炭疽病

【病害介绍】炭疽病为菜用大豆的重要病害，分布广泛，发生较普遍。菜用大豆从苗期至成熟期均可发病，通常病株率10%~20%，严重时病株可达30%以上，在一定程度上影响产量和降低品质。被侵染的种子萌发率低，影响种子质量，多造成幼苗、幼株和成株提早坏死，显著影响菜用大豆生产。

【为害症状】炭疽病是一个真菌病害，病原菌为子囊菌亚门，无性态为半知菌亚门，真菌的一种，主要为害茎及荚，也为害叶片或叶柄。菜用大豆炭疽病从苗期至成熟期均可发病。子叶、子茎、叶片、叶柄、茎秆、荚果及种子皆可受害，主要为害茎及荚。早期染病豆荚多不结实，或虽结实，豆粒干瘪皱缩，呈暗褐色。

（1）子叶。子叶上出现圆形黑褐色病斑，边缘略浅，病斑扩展后常出现开裂或凹陷，气候潮湿时，子叶变水浸状，很快萎蔫、脱落。病斑可从子叶扩展到幼茎上，致病部以上枯死。

（2）子茎。茎上病斑为褐色或红锈色、细条形、凹陷和龟裂，其上密布呈不规则排列的黑色小点。

（3）叶片。叶上发病，病斑不规则形，边缘深褐色，内部浅褐色，病斑上生粗糙刺毛状黑点，即病菌的分生孢子盘。

（4）叶柄。叶柄发病，病斑褐色，不规则形。

（5）茎秆。茎秆发病，初生红褐色病斑，渐变褐色，最后变灰色，不规则形，其上密布呈不规则排列的黑色小点，常包围整个茎。

（6）豆荚。豆荚上病斑呈圆形或不规则形，边缘常隆起，中央部凹陷，潮湿时各患部斑面上出现朱红色小点或小黑点，小黑点呈轮纹状排列，病荚不能正常发育，种子发霉，暗褐色并皱缩或不能结实。

（7）种子。带病种子发病，大部分于出苗前即死于土中。

【防治措施】菜用大豆炭疽病病菌在菜用大豆种子和病残体上越冬，翌年播种后即可发病，发病适温25℃。病菌在12~14℃以下或34~35℃以上不能发育。生产上苗期低温或土壤过分干燥，菜用大豆发芽出土时间延迟，容易造成幼苗发病。成株期温暖潮湿条件利于该菌侵染。

（1）农业防治措施。

①选用抗病品种和无病种子，保证种子不带病菌。

②收获后及时清除病残体、深翻，实行3年以上轮作，减少越冬菌源。

③合理密植，避免施氮肥过多，提高植株抗病力。

④加强田间管理，及时深耕及中耕培土。雨后及时排除积水防止湿气滞留。

（2）化学防治措施。

①种子处理：播前用50%多菌灵可湿性粉剂或50%异菌脲可湿性粉剂，按种子重量0.4%的用量拌种，拌后闷3~4小时。也可用种子重量0.3%的拌种双可湿性粉剂拌种。

②药剂防治：在大豆开花期及时喷洒药剂，保护种荚不受害，可选用50%甲基硫菌灵可湿性粉剂600倍液，或50%多菌灵可湿性粉剂600倍液、80%炭疽福美可湿性粉剂800倍液、25%溴菌腈可湿性粉剂500倍液、47%春雷氧氯铜可湿性粉剂600倍液、25%炭特灵可湿性粉剂500倍液、47%加瑞农可湿性粉剂600倍液等喷雾防治。

4. 菜用大豆灰斑病

【病害介绍】大豆灰斑病又称褐斑病、斑点病或蛙眼病。该病是世界性病害，也是我国菜用大豆主产区的重要病害，尤以东北三省为害严重。该病原为黑龙江省东部低洼易涝地区的主要病害，1963年统计，合江地区因灰斑病损失大豆达1 000万kg，20世纪80年代以来，逐步向西扩大蔓延，现已成为四川省性的大豆病害。近年来由于大豆重迎茬面积增加，使灰斑病越来越重。病害流行年份，造成大豆产量、品质严重损失，一般可减产5%~10%，严重时可减产30%~50%，百粒重下降2~3g，蛋白质和油分含量均不同程度降低。

【为害症状】菜用大豆灰斑病对菜用大豆叶、茎、荚、籽实均能造成为害，以叶片和籽实最重。

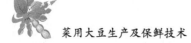

种粒上病斑圆形至不规则形，中央灰色，边缘红褐色，形成蛙眼。病粒出生的幼苗子叶上病斑圆形、半圆形或椭圆形，深褐色，略凹陷。

成株期叶片上病斑多为圆形、椭圆形或不规则形，最初为退绿圆斑，逐渐发展为中央灰白色，周围红褐色的蛙眼状斑，故又名蛙眼病，与健部分界清晰，这是区分灰斑病与其他叶部病害的主要特征。气候潮湿时病斑背面有密集的灰色霉层，即病菌的分生孢子梗和分生孢子，严重时一叶片上可生几十个病斑，使叶片提早脱落。茎、枝和叶柄上结荚后产生椭圆形或纺锤形病斑，中央褐色，边缘红褐色，后期中央灰色，边缘黑褐色，其上布满微小黑点。荚上病斑圆形或椭圆形，形状颜色同叶上病斑。

【防治措施】菜用大豆灰斑病初次侵染来源是病株残体和带菌种子。因此，认真清除菌源，合理轮作，种植抗病品种及搞好预测预报。大发生年份及时喷药保护，可以减轻发生为害。

（1）农业防治措施。

①选用耐病品种：品种不抗病是灰斑病经常大发生的重要因素。菜用大豆灰斑病的抗原材料非常丰富，合理选育和利用抗病品种是防治菜用大豆灰斑病最有效、最经济的方法。菜用大豆的一般品种与抗病品种对灰斑病的抗病只是被害程度上的差异，但抗病品种表现单叶病斑少，病斑小受害轻。因此，选用抗病品种是防治灰斑病的一条很重要措施。但菜用大豆品种对灰斑病抗性不稳定，持续时间短，要注意菜用大豆产区生理小种组成的变化，品种种植不要单一，且经常更换。由于菜用大豆灰斑病生理小种变化快，易使菜用大豆品种抗病性丧失，应密切注意其抗病性的变化，不断选育新的抗病品种，对其抗病指标进行检测。

②选用未感染田块生产的菜用大豆种子，采用无病种子，播种前挑选并进行种子消毒或药剂拌种。

③合理轮作避免重迎茬，有条件可以进行2年以上轮作，减

少灰斑病为害。进行大面积轮作，及时中耕除草，铲除再侵染源，排除田间积水，可有效地控制后期发病程度。

④加强栽培管理：如轮作有困难，应在秋后翻耕豆田减少越冬菌量，秋收后彻底清除田间病残体，及时翻地，把遗留在田间的病残体翻人地下，使其腐烂，可减少越冬菌源。

（2）化学防治措施。

①种子处理：可用种子重量 0.3% 的 50% 福美双可湿性粉剂或 50% 多菌灵可湿性粉剂拌种，能达到防病保苗的效果，但对成株期病害的发生和防治的作用不大。不同药剂对灰斑病拌种的保苗效果是不同的。福美双、克菌丹的保苗效果较好。

②药剂防治：一般在大流行年，可在叶部发病初期喷药 1次，花荚期再喷 1 次，喷洒 70% 甲基托布津可湿性粉剂 1 000 倍液，或多菌灵胶悬剂 5 000 倍液，或 50% 退菌特可湿性粉剂 800倍液，或 75% 百菌清可湿性粉剂 700~800 倍液。田间第一次施药的关键时期是始荚期至盛荚期。

5. 菜用大豆花叶病毒病

【病害介绍】产区一般菜用大豆花叶病毒病的侵染区在70%~95%，全国各地均有发生。植株被病毒侵染后的产量损失，根据种植季节、品种抗性、侵染时期及侵染的病毒株系等因素而不同。病株减产因素主要是豆荚数少，并影响脂肪酸、蛋白质、微量元素及游离氨基酸的组分等，病株根瘤显著减少。种子病斑的形成，主要因素是病毒感染，降低种子商品价值。主要靠蚜虫传毒，高温干旱、排水不良、氮肥过量、土壤黏重等条件均利于发病。

【为害症状】花叶病毒病的症状因品种、植株的株龄和气温的不同，差异很大。

轻病株叶片外形基本正常，仅叶脉颜色较深；重病株则叶片皱缩，向下卷，出现浓绿、淡绿相间，起伏呈波状，甚至变窄狭

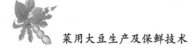

呈柳叶状。接近成熟时叶变成革质，粗糙而脆。播种带病种子，病苗真叶展开后便呈现花叶斑驳。老叶症状不明显，到后期，病株上出现老叶黄化或叶脉变黄现象。在感病品种上，受病6~14天后出现明脉现象，后逐渐发展成各种花叶斑驳，叶肉隆起，形成疱斑，叶片皱缩。

严重时，植株显著矮化，花荚数减少，结实率降低。在抗病力强的品种上症状不明显，或仅新叶呈轻微花叶斑驳。病株矮化的现象仅出现于种子带毒和早期感毒而发病的植株，后期由蚜虫传播而发病的植株不矮化，只新叶出现轻微花叶斑驳。花叶症状还与温度的高低有关，气温在18.5℃左右，症状明显，29.5℃时症状逐渐隐蔽。

感染菜用大豆花叶病毒病的植株种子有时种皮着色，其色泽常与脐色有关。脐色为黑色的则出现黑斑；脐色为黄白色的，则出现浅褐色斑，种皮为黑色而脐为白色的，则呈现白色斑。特征：病叶呈皱缩花叶斑驳，病粒自脐部向外产生放射形褐色斑纹。

【防治措施】

（1）农业防治措施。

①加强种子检疫：侵染菜用大豆的病毒有较多的种传病毒，因此，加强种子检疫尤为重要。我国菜用大豆种植面积大，品种多，种植季节及方式、地理气候条件差异很大，病毒对菜用大豆适应条件众多，利于病毒产生侵染性分化，形成不同毒株。因此，在各地调种或交换品种资源，都会引入非本地病毒或非本地病毒的株系，这种菜用大豆种子引入，必然造成菜用大豆病毒病流行的广泛性及严重性，因此，引进种子必需隔离种植，要留无病毒株种子，再作繁殖用，检疫及研究单位要加强检疫病毒病的措施及采取有效的防治措施。

②种植抗病毒品种：各地大面积推广和改良品种，大多数对

菜用大豆花叶病毒有一定抗性，一般均在中抗以上，改良品种在连年种植过程中，发现病毒逐年严重，一是种植品种抗性衰退，或是当地侵染病毒株系的变化引起的，应对改良品种提纯复壮或改种适合当地的抗病品种。

③建立无毒种子田：侵染菜用大豆的病毒，很多能经菜用大豆种子播种传播，因此种植无毒种子是防治病毒病的重要的有效防治方法，无毒种植田要求种子田100m以内无该病毒的寄主作物（包括菜用大豆）。种子田在苗期去除病株，后期收获前发现少数病株也应拔除，收获种子要求带毒率低于1%。病株率高，或种子带毒率高的种子，不能作为翌年种植种子用。

（2）农业防治措施。

药剂防治：防蚜治蚜。侵染菜用大豆病毒在田间流行主要通过蚜虫传播，传播田间病毒又主要是迁飞的有翅蚜，且多是非持性的传播，因此，采取避蚜或驱蚜（即有翅蚜不着落于菜用大豆田）措施比防蚜措施效果好。目前最有效方法是苗期即用银膜覆盖土层，或银膜条间隔插在田间，有驱蚜避蚜作用，可在种子田使用，菜用大豆后期发生蚜虫，应及时喷施杀蚜剂，并应注意几种杀蚜药剂交替使用，防止多次使用一种药剂，使蚜虫产生抗药性。防治蚜虫，应及时喷药，消灭传毒介体。常用3%啶虫脒乳油1 500倍液，或用2%阿维菌素乳油3 000倍液，或用10%吡虫啉可湿性粉剂3 000倍液，或用2.5%高效氯氟氰菊酯1 000~2 000倍液等药剂喷雾防治。

6. 菜用大豆粉霉病

【病害介绍】粉霉病为菜用大豆的重要病害，分布广泛，发生普遍，菜用大豆种植地区常年发生。通常发病较轻，少量豆荚受害，轻度影响生产，重病地块或多雨年份显著降低产量和品质。

【为害症状】该病是由真菌引起的系统性侵染病害。发病初期叶片由下向上逐渐变黄至黄褐色萎蔫。剖开病根及茎部维管束变为褐色，后期在病株茎的基部溢出橘红色胶状物。此病主要为害幼苗、豆荚和种子。播种病种子多不发芽，或长出的病芽未出土即死亡。幼苗子叶常从叶缘开始发病，形成半圆形稍凹陷的黄褐至浅紫色病斑，边缘紫红色，潮湿时长满粉红色霉状物，即病菌的分生孢子。干燥时病斑干裂或呈溃疡状。豆荚染病，病斑近圆形或不定型，稍凹陷，上生粉红色至白色霉状物。严重时豆荚开裂，豆粒常被白色菌丝缠绕，腐烂干缩，表面也产生粉红色霉状物。

【防治措施】

（1）农业防治措施。

①精选无病种子。

②合理密植，精细播种，确保健壮出苗。

③及时清除田间积水，降低小气候湿度，减轻发病。

（2）化学防治措施。

①种子处理：播前进行种子处理。可选用种子重量 0.3% 的 50% 利克菌可湿性粉剂或 50% 多菌灵可湿性粉剂，或用种子重量 0.2% 的 75% 萎福双可湿性粉剂拌种。

②药剂防治：发病初期，可选用 50% 多菌灵可湿性粉剂 500 倍液，或 50% 复方硫菌灵可湿性粉剂 600 倍液，或 10% 双效灵水剂 1 500 倍液，或 65% 多果定可湿性粉剂 1 000 倍液，或 25% 敌力脱乳油 2 000 倍液，或 45% 特克多悬浮剂 1 000 倍液，或 95% 敌克松可湿性粉剂 800 倍液浇灌豆田，7 天左右喷 1 次，连续浇灌 1~2 次。

7. 菜用大豆立枯病

【病害介绍】菜用大豆立枯病俗称"死棵""猝倒""黑根病"，为菜用大豆的重要病害，分布较广，发生亦较普遍，部分地区发病严重。一般发病率 8%~15%，重病地块病株可达 80%

以上，个别田块甚至全部死光，造成绝产。

【为害症状】菜用大豆立枯病主要为害幼苗的茎基部或地下根部，多在苗期或幼株期发生。发病初病斑多为椭圆形或不规则形状，呈暗褐色，发病幼苗在早期是呈现白天萎蔫，夜间恢复的状态，随病情发展幼苗或幼株外形矮小，生长缓慢，叶片变黄，靠地面的茎赤褐色，并且病部逐渐凹陷、溢缩，甚至逐渐变为黑褐色，当病斑扩大绕茎一周时，病部变褐，局部缢缩，皮层开裂呈溃疡状，整个植株会干枯死亡，但仍不倒伏。发病比较轻的植株仅出现褐色的凹陷病斑而不枯死。当苗床的湿度比较大时，病部可见不甚明显的淡褐色蛛丝状霉，病菌的菌丝最初无色，以后逐渐变为褐色。从立枯病不产生絮状白霉、不倒伏且病程进展慢，可区别于猝倒病。

【防治措施】

（1）农业防治措施。

①因地制宜选用不同抗病品种：选用无病种源，减少初侵染源。做到秋收无害、贮藏查害、除害，有条件的要建立无病留种地选留无病品种。

②加强栽培管理：适期早播、选地势高、土质疏松、排水良好田块，增施钾肥，使植株健壮生长，增强抗病力。播种前要对豆田进行深耕细耙，加深作物生长的活土层，结合整地增施磷钾肥和微肥，为种子的发芽与生长提供充足的养分，提高播种质量以及种子的成活率。

③合理密度：菜用大豆的种植密度比较大会导致田间的通风透光比较大，为作物生长提供温度比较大、光照比较小的小气候环境，为病害的发生与传播提供有利条件。

④栽培过程中要做好豆田的除草工作，喷洒对菜用大豆安全的除草剂。及时中耕锄地，消灭杂草，防止豆田郁蔽，降低田间小气候空气湿度，减少病害发生。

⑤加强病害监测：选择低洼潮湿、植株生长旺盛，开花较早的感病品种定点调查。

⑥实生轮作：在生产上要注意与禾本科作物实行 3 年以上的轮作，避免种植地与油菜、向日葵等作物的栽培地片相邻。

⑦选用排水良好高燥地块种植菜用大豆：当采用低洼地种植时容易采用垄作或高畦深沟的种植形式，合理密植，选用排水条件比较好的高燥地块进行菜用大豆种植，种植田的排灌设施要好，防止雨水过多的年份排水不良，做到雨后及时排水，防止地表湿度过大，为病害的发生与蔓延提供条件。浇水要根据土壤湿度和气温确定。

⑧苗期做好保温工作：防止低温和冷风侵袭，浇水的时间和次数要根据土壤湿度和气温的高低而定，严防空气湿度过高而为病害的发生提供条件，浇水时间多在晴天的上午进行。在发病初期先拔除病苗，并带出田外集中深埋或烧毁。

（2）化学防治措施。

①种子处理：药剂拌种是比较好的预防菜用大豆立枯病的有效措施之一，能够将病害消灭在发病初期，可用种子重量 0.3%的 45%特克多悬浮剂黏附在种子表面后，再拌少量细土后播种。也可将种子湿润后用干种子重量 0.3%的 75%卫福可湿性粉剂或40%拌种双可湿性粉剂，或 50%利克菌可湿性粉剂或 70%土菌消可湿性粉剂拌种。用种子量 0.3%的 40%甲基立枯磷乳油或 50%福美双可湿性粉剂拌种。

②药剂防治：

第一，可选用 30%倍生乳油 1 000 倍液，或 5%井冈霉素水剂 1 000 倍液，或 45%特克多悬浮剂 1 000 倍液，或 50%扑海因可湿性粉剂 1 000 倍液喷浇茎基部，7~10 天 1 次，视病情防治1~2 次。还可选用 75%百菌清可湿性粉剂 1 000 倍液，或 50%多菌灵可湿性粉剂 600 倍液，或 64%杀毒矾可湿性粉剂 500 倍液等喷洒。苗床喷药后可撒施草木灰或细干土以降低湿度。

第二，施用石灰调节土壤酸碱度，使种植菜用大豆田块酸碱度呈微碱性，用量每亩施生石灰 50~100kg。

第三，施用 5406 抗生菌肥料或 SH 土壤添加物，主要成分为甘蔗渣、稻壳、贝壳粉、尿素、硝酸钾、过磷酸钙、矿灰等。必要时，可撒施拌种双或甲基立枯磷药土，施用移栽灵混剂，杀菌力强，同时，能促进根系对不利气候条件的抵抗力，能从根本上防治立枯病的发生和蔓延。

8. 菜用大豆细菌性斑疹病

【病害介绍】菜用大豆细菌性斑疹病又称细菌性叶烧病，病原为油菜黄单胞杆菌大豆致病变种（*Xanthomona campestris* pv. *Glycines*）。大豆细菌性斑疹病在菜用大豆整个生育期均可发生，病情发展迅速，发生严重。特别在多雨天气，叶面伤口较多，更有利于病菌的侵染，病害扩展蔓延较快，7 天内即可形成小病斑。病菌生长最适温度为 32℃左右。菜用大豆细菌性斑疹病在世界范围内均有发生，若栽培技术不合理，在温暖湿润的条件下，会使病菌迅速生长。菜用大豆细菌性斑疹病在我国南方发生情况重于北方，近年来在北方地区也多有发生，对我国南方菜用大豆产区造成了较大损失。

【为害症状】菜用大豆细菌性斑疹病从苗期至成株期均可发病，使得叶片、叶柄、茎及豆荚受到不同程度的为害。叶片受害初期有褪绿色圆形小点，之后逐渐变为红褐色不规则形病斑，直径 1~2mm。病斑周围有不明显的黄色晕圈，中间的表皮破裂呈斑疹状；受害严重时病斑连接汇合成片，导致整个叶片变褐干枯死亡，叶片表皮全部破裂似火烧状，造成叶子早期脱落。豆荚受害初期呈红褐色圆形小点，之后逐渐变为黑褐色较大、干枯、隆起且不规则形病斑。

【防治措施】菜用大豆的病害防治方法要合理，且要了解喷药时的注意事项。若喷药错过了最佳防治时期，没有按照药品说明规范化使用农药，或是选用的药剂质量难以保证，会使得防治效果不明显，致使大豆细菌斑疹病发生局部流行。

（1）农业防治措施。

①合理选用抗病品种：不能盲目地追求产量而在病害发生区种植感病品种。

②消灭菌源收获后及时将田间的病株残体清除掉，病株及病秆不可随意乱放。可将病株残体深埋，促使病残体加速腐烂，以减少越冬菌源。

③实生轮作：重病田应合理轮作或深翻土壤，以消灭病害的初侵染来源。与禾本科作物实行轮作，同时，控制好种植密度，保苗 25 万~30 万株/hm²。

④及时培土，田间的积水也要及时排出。

⑤合理施肥，氮、磷、钾肥配合施用，实践证明，施用腐熟农家肥也可以控制或减轻病害的发生。

（2）化学防治措施。

①种子处理：采用无病种子并消毒播前精选种子，并进行种子消毒，剔除病粒坏粒，进行药剂拌种。用大豆种衣剂对种子进行包衣或用 1g 农用链霉素加水 10kg 浸种 1 小时，晾干后播种，也可用 50%福美双可湿性粉剂拌种，1 000kg 种子用药量 3kg。

②药剂防治：在发病初期开始喷药，常用药剂有波尔多液、30%绿氧化铜悬浮剂 600~800 倍液、30%碱式硫酸铜悬浮剂 400~600 倍液、72%农用链霉素可湿性粉剂 200~350g/hm² 对水 1 000L 以及 30%绿得保悬浮液 400~600 倍液，每 7 天喷 1 次，遇阴雨天气可推后 3 天喷药，连续喷 2~3 次。喷药时间在 10:00 之前或 15:00 以后，避开高温时间，并注意人身安全。

9. 菜用大豆猝倒病

【病害介绍】菜用大豆猝倒病是大豆在种植期易发的真菌性

病害，为害的瓜果腐霉和德巴利腐霉，属于鞭毛菌亚门。全国菜用大豆产区普遍分布。注意种植环境和施肥方式以及使用农药皆可防止该病。

【为害症状】猝倒病主要侵染幼苗的茎基部，近地表的茎发病初现水渍状条斑，后病部变软缢缩，呈黑褐色，病苗很快倒折、枯死。根部受害后初呈不规则形褐色斑点，严重的引起根腐，地上部茎叶萎蔫或黄化。

【防治措施】

（1）农业防治措施。

①合理选用抗病品种。

②合理施用有机肥：防治菜用大豆猝倒病提倡施用酵素菌沤制的堆肥和充分腐熟有机肥，增施磷钾肥，同时，喷施新高脂膜，避免偏施氮肥，培育壮苗。

③做好保温工作：苗期做好保温工作，防止低温和冷风侵袭，地温应控制在 20~30℃，地温保持在 16℃以上。注意提高地温，降低土壤湿度，防止出现 10℃以下的低温和高湿环境。

④适时灌溉：雨后及时排水，防止地表湿度过大。缺水时可在晴天喷洒，要根据土壤湿度和气温确定，严防湿度过高，时间宜在上午进行，切忌大水漫灌。

⑤及时检查苗床，发现病苗立即拔除。

⑥实生轮作：实行 3 年以上轮作，下湿地采用垄作或高畦深沟种植，合理密植，增强植株通透性，防止地表湿度过大，雨后及时排水。

⑦整地理墒：下种前深翻土地，施足底肥，灌好底墒。

（2）化学防治措施。

①种子处理：用酌量的 40%甲基立枯磷乳油加新高脂膜拌种，能有效隔离病毒感染，不影响萌发吸胀功能，加强呼吸强度，提高种子发芽率。

②药剂防治：

第一，施用石灰调节土壤酸碱度，使种植菜用大豆田块酸碱度呈微碱性，用量为每亩施生石灰 50~100kg。

第二，做好田间监测，发病初期开始喷洒 40%三乙膦酸铝可湿性粉剂（或 70%乙磷·锰锌可湿性粉剂、18%甲霜胺·锰锌可湿粉、69%安克锰锌可湿性粉剂）加新高脂膜，10 天左右 1 次，连续防治 2~3 次，并做到喷匀喷足；还可喷洒 72.2%普力克水剂 400 倍液，或 15%噁霉灵水剂 700 倍液，或 95%噁霉灵原药（绿亨 1 号）3 000 倍液，或 70%代森锰锌可湿性粉剂 500 倍液，主要喷幼苗茎基部及地面，每 7~10 天喷 1 次，连续 2~3 次。也可于发病初期用根病必治 1 000~1 200 倍液灌根，同时，用 72.2%普力克 400 倍液喷雾效果很好。也可使用新药猝倒必克灌根，效果很好，但注意不要过量，以免发生药害。

第三，要在花蕾期、幼荚期和膨果期喷施菜果壮蒂灵，可强花强蒂，提高抗病能力，增强授粉质量，促进果实发育。

10. 菜用大豆枯萎病

【病害介绍】菜用大豆枯萎病病菌腐生能力很强，病残体分解以后，病菌仍可在土壤中存活 5 年左右，种子也可带菌。病菌从根部伤口或根部尖端细胞侵入。日平均气温上升到 24~28℃时发病最重。相对湿度 80%以上，特别是土壤含水量高时病害发展迅速。低洼地、肥料不足，又缺磷、钾肥，土质黏重，土壤偏酸和施未腐熟肥料时发病重。

【为害症状】菜用大豆枯萎病是系统性侵染的整株病害，染病初期叶片由下向上逐渐变黄至黄褐色萎蔫，剖开病根及茎部，可见维管束变为褐色，后期在病株茎的基部溢出橘红色胶状物，即病原菌菌丝和分生孢子。

【防治措施】

（1）农业防治措施。

①因地制宜选用抗枯萎病的品种。

②实行轮作：重病地实行水旱轮作2~3年，不便轮作的可覆塑料膜进行热力消毒土壤，施用酵素菌沤制的堆肥或充分腐熟的有机肥，增施磷、钾肥，减少化肥施用量。

③加强检查及时拔除病株。

④低洼地可采取高畦或半高畦并覆盖地膜栽培，防止大水漫灌，雨后及时排水，田间不能积水。

（2）化学防治措施。

①药剂防治：淋洒50%甲基硫菌灵悬浮剂500倍液或25%多菌灵可湿性粉剂500倍液、10%双效灵水剂300倍液、70%琥胶肥酸铜可湿性粉剂500倍液，每穴喷淋对好的药液0.3~0.5升，隔7天1次，共2~3次。

②土壤消毒：每亩土地用50%多菌灵可湿性粉剂2kg，或60%防霉宝可湿性粉剂2kg，或50%苯菌灵可湿性粉剂1kg，加细土50~100kg，拌匀后，均匀施在播种沟内，再盖上一层薄细土，然后播上种子。

③药剂灌根：田间发现有个别病株时，马上灌药液防治，可用50%多菌灵可湿性粉剂500倍液，或60%防霉宝可湿性粉剂600倍液，或50%苯菌灵可湿性粉剂1 000倍液，或12.5%增效多菌灵可溶剂200~300倍液，或12.5%治萎灵水剂200~300倍液，或72.2%普力克水剂400倍液，或70%代森锰锌可湿性粉剂500倍液，或3%噁霉·甲霜水剂1 000倍液，或15%噁霉灵水剂700倍液等药剂，或5%菌毒清水剂400倍液灌根，每株灌200mL稀释药液，7~10天后再灌1次。

11. 菜用大豆纹枯病

【病害介绍】菜用大豆纹枯病是普遍发生的一种病害，造成菜用大豆落叶、植株枯死和豆粒腐烂，严重时可减产30%~40%。为害茎部和叶片。菜用大豆纹枯病在各菜用大豆产区均有分布。主要发生在苗期，常引起幼苗死亡，部分地区发病率达10%~40%，产量损失30%~40%，严重者甚至绝收。病株生育不良，茎叶变黄逐渐枯死。

【为害症状】菜用大豆纹枯病主要为害茎部叶片，也能侵染叶柄及荚。叶、叶柄、茎和荚上感病后产生白色菌丝，集结成团，逐渐变成褐色颗粒状，即病菌的菌核。菌核大小不一，易脱落。

（1）叶片受害症状。叶片受害初期呈水渍状不规则形云纹斑块，浅白色或黄褐色。湿度大时，病斑扩大成云纹状，严重叶片像水烫过一样枯死。气候干燥时，发病扩散慢，病斑呈褐色或红褐色，逐渐枯死脱落，形成叶片穿孔。并蔓延至叶柄和分枝处，严重时全株枯死。叶片上的病斑可沿叶脉扩展，为害叶柄及茎秆。

（2）茎秆受害症状。茎上病斑呈不规则形云纹状，褐色，边缘不明显，表面缠绕白色菌丝，后渐变褐色，上有褐色米粒大的菌核，干燥时易脱落。

（3）豆荚受害症状。荚上形成灰褐色，水渍状病斑，上生白色菌丝，后形成褐色菌核，干燥时易脱落。种子被害后腐败。

【防治措施】

（1）农业防治措施。

①选种抗病品种：选种优良、高产、高抗病品种。

②实生轮作：合理密植，与非寄主作物实行3年以上轮作。

③秋收后及时清除田间遗留的病株残体，秋翻土地将散落于地表的菌核及病株残体深埋土里，可减少菌源，减轻下年发病。

④勤中耕除草，雨后及时排出田间积水，改善田间通风透光性。冬灌可防止春灌造成土壤过湿，提高地温，有利出苗。

⑤收获后及时清除田间遗留的病株残体，并深翻土地，将散落于地表的菌核及病株残体深埋土里，可减少菌源，减轻翌

年发病。

（2）化学防治措施。

①种子处理：菜用大豆的种子用种子重量的 0.3% 的 50% 福美双可湿性粉剂，或 0.3% 的 40% 拌种双可湿性粉剂拌种。

②药剂防治：

第一，在发病初期喷 20% 甲基立枯磷乳油 1 200 倍液，或 50% 退菌特可湿性粉剂 500～800 倍液，或 75% 百菌清可湿性粉剂 600～700 倍液，或 50% 多菌灵可湿性粉剂 800～1 000 倍液。隔 7～10 天喷 1 次，连续 1～2 次。

第二，对发生菜用大豆纹枯病的豆田要及时施用农药，防治病害进一步扩展。可用 5% 井冈霉素水剂 100～150mL 或 15% 三唑酮可湿性粉剂 50～75g 对水 45～60kg 喷雾，隔 5～7 天再喷 1 次。喷雾要均匀周到，病叶、病茎、病荚等部位要充分着药，以保证防治效果。

12. 菜用大豆细菌叶烧病

【病害介绍】全国各菜用大豆产区都有发生，南方比北方发生普遍且较严重。本病由大豆黄单胞杆菌（*xanthormonas compestris* pv. *phasaoli var. sojense*）细菌侵染所引起。病株早期落叶，豆粒秕小，产量和品质都名下降。主要为害大豆、菜用大豆、野生大豆等，但不为害绿豆和豇豆。

【为害症状】主要发生在叶片和豆荚上。叶上初期出现黄绿色小疤，并逐渐隆起形成多角形或不规则形红褐色小泡斑，周围有黄色晕圈。严重时病斑愈合，组织变相枯死，似火烧状。荚上病斑褐色圆形稍隆起。病原细菌主要在种子及病株残体上越冬。生长季节，病菌借风雨传播，从植株气孔、水孔或伤口侵入，并在细胞组织内迅速繁殖，5～7 天即可形成小疤。病菌生长最适温度为 30～33℃。品种间抗病性有差异。

【防治措施】

（1）农业防治措施。

①选用抗病或耐病品种，或采用无病种子。

②清除田间病残体，实行 2~3 年以上轮作。

（2）化学防治措施。

药剂防治：发病初期可喷 1：1：200 波尔多液。或采用增力蛋白 500 倍液喷淋、灌根均能有效地控制其为害。

13. 菜用大豆轮纹病

【病害介绍】轮纹病是菜用大豆的主要病害，分布广泛，发生十分普遍。大豆轮纹病从菜用大豆幼苗期到结荚后都可发病，对叶片、茎秆、豆荚为害都很大，主要为害叶片。大豆轮纹病属半知菌亚门真菌，病原以菌丝体和分生孢子器在病株残体上越冬，成为第二年的初侵染菌源，后借风雨进行传播为害。常造成早期落叶，结荚较少或不结荚。严重地块或重病年份，田间发病率高，引起植株大量落叶，显著影响生产。

【为害症状】菜用大豆轮纹病主要为害叶片、叶柄、茎及荚。

（1）子叶受害症状。病斑初为褐色小斑点，扩大后呈圆形、近圆形，褐色或黄褐色，并有明显同心轮纹，后期轮纹上生有许多小黑点，即病菌分生孢子器。

（2）叶片受害症状。病斑初为褐色小点，散生，扩大后呈圆形或近圆形，中央褐色，周缘暗褐色，有同心轮纹，其上散生的黑色小点即病菌的分生孢子器。病斑较薄，易破裂而穿孔。叶片染病生褐色至红褐色，中央灰褐色圆形病斑，微具同心轮纹，上密生黑色小点，即病原菌的分生孢子器

（3）叶柄受害症状。引起严重的早期落叶。

（4）茎部受害症状。病斑多发生在分枝处，近梭形，初为灰褐色，扩大干燥后变为灰白色，边缘不明显，病部密生很多小黑点。

（5）豆荚受害症状。病斑近圆形或不规则形，初为褐色，干燥后变为灰白色或灰黑色，病荚上密生小黑点，不规则或轮状排列，与炭疽病相似。荚柄被害时，荚内空瘪不结实，早期干枯，重病荚常为畸形。轻病荚可结粒，但豆粒瘦小；重病荚不能结粒，或虽结粒，豆粒一半或大部分变灰褐色皱缩干瘪，无光泽，粒重极轻，无发芽力。病斑特征是灰褐色，有同心轮纹与小黑点。

【防治措施】

（1）农业防治措施。

①选用较抗病的品种，播种前进行种子消毒。

②提倡农业防治合理轮作避免重茬，秋收后及时清除病株残体，并秋翻土地消灭菌源，可减轻发病。

③发病初期及时喷洒杀菌剂进行防治。选用药剂参见菜用大豆灰斑病。

④合理密植，增施有机肥和磷肥。

（2）化学防治措施。

①发病初期喷洒下列药剂：50%多菌灵可湿性粉剂1 000倍液；70%甲基硫菌灵可湿性粉剂1 000倍液；50%苯菌灵可湿性粉剂1 500倍液；50%异菌脲可湿性粉剂1 000倍液；选用30%甲霜噁霉灵，叶面喷施稀释1 500~2 000倍液或56%嘧菌酯百菌清1 200~1 500稀释倍数。

②盛花至结荚期初期：喷施75%百菌清可湿性粉剂1 000倍液，或50%多霉灵可湿性粉剂800倍液。每隔10天左右喷施1次，视病情防治1~2次。

14. 菜用大豆红冠腐病

【病害介绍】菜用大豆红冠腐病是一种为害菜用大豆的重要病害，在环境有利于病害发生条件下可导致大豆减产。1968年在日本千叶县首次报道了菜用大豆红冠腐病。菜用大豆红冠腐病主要分布于美国、日本、中国、韩国、喀麦隆等多个国家和地区。在美国，菜用大豆红冠腐病主要分布在路易斯安那州和密西西比州，为该地区重要的菜用大豆病害。在我国江苏省、云南省和广东省的一些地区已报道菜用大豆红冠腐病的发生。在广东省，菜用大豆红冠腐病主要分布在博罗县和梅州市等地。夏大豆结荚期最感病，且发病较普遍和严重，使大豆产量和品质降低。

【为害症状】菜用大豆红冠腐病通常发生在大豆结荚期之后，在田间形成明显的发病中心。发病初期，罹病植株叶片叶脉间变黄，随即萎蔫、落叶，植株枯萎。病株根系及近地面的茎基部变红褐色，沿茎干向上扩展，近地面茎皮层腐烂，严重的甚至木质部组织也变褐色腐烂；拔起植株，可见根系变黑腐烂；植株茎基部的病部表面有大量红橙色球状子囊壳聚生。茎基部变红褐色和红橙色子囊壳为该病害诊断的典型特征；发病后期，整个植株根系腐烂，最终植株死亡。

【防治措施】大豆红冠腐病的防治措施主要包括农业防治和化学防治。

（1）农业防治措施。

①大豆不能与花生轮作，否则，会增加田间微菌核数量和加重病害的发生。

②在大豆红冠腐病发生的地区，大豆种植时间应参考当地的土壤温度。如果适当推迟播种时间，土壤温度将随之升高，这样可以减轻大豆红冠腐病的发生。

（2）化学防治措施。

在大豆播种前，使用草甘膦除草，可以减轻和控制大豆红冠腐病。在大豆播种前两个星期，使用威百亩、异硫氰酸甲酯、叠氮化钠和氯化苦等杀菌兼杀线虫剂进行土壤熏蒸，可以减少土壤微菌核数量，降低病害的发生。

15. 菜用大豆紫斑病

【病害介绍】该病英文名是 Soybean purple blotch，病原中文名为菊池尾孢，是一种半知菌亚门 病原真菌，对豆类的农作物有很大的为害，主要为害部位为豆荚和豆粒，也为害叶和茎。病菌以菌丝体潜伏在种皮内或以菌丝体和分生孢子在病残体上越冬，成为翌年的初侵染源，如播种带菌种子，引起子叶发病，病苗或叶片上产生的分生孢子借风雨传播进行初侵染和再侵染。

【为害症状】主要为害豆荚和豆粒，也为害叶和茎。苗期染病子叶上产生褐色至赤褐色圆形斑，云纹状；真叶染病初生紫色圆形小点，散生，扩展后形成多角形褐色或浅灰色斑，茎秆染病形成长条状或梭形红褐色斑，严重的整个茎秆变成黑紫色，上生稀疏的灰黑色霉层；荚染病病斑圆形或不规则形，病斑较大，灰黑色，边缘不明显，干后变黑，病荚内层生不规则形紫色斑，内浅外深；豆粒染病形状不定，大小不一，仅限于种皮，不深入内部，症状与品种及发病时期有较大差异，多呈紫色，有的呈青黑色，在脐部四周形成浅紫色斑块，严重的整个豆粒变为紫色，有的龟裂。

【防治措施】

（1）农业防治措施。

菜用大豆收获后及时进行秋耕，以加速病残体腐烂，减少初侵染源。

（2）化学防治措施。

药剂防治：在开花始期、蕾期、结荚期、嫩荚期各喷 1 次30%碱式硫酸铜（绿得保）悬浮剂 400 倍液或 1∶1∶160 倍式波尔多液、50%多霉威（多菌灵加万霉灵）可湿性粉剂 1 000 倍液、50%苯菌灵可湿性粉剂 1 500 倍液、36%甲基硫菌灵悬浮剂500 倍液，每亩喷对好的药液 55L 左右。采收前 3 天停止用药。

16. 菜用大豆赤霉病

【病害介绍】病种子多不发芽，或未出土即死亡。幼苗子叶常由边缘开始发病，变褐色溃疡，后长出粉红色霉状物。病菌以菌丝体在病荚和种子上越冬，翌年产生分生孢子进行初侵染和再侵染。发病适温30℃，大豆结荚时遇高温多雨或湿度大发病重。幼苗出土时遇雨或播种过深，幼苗发病重。

【为害症状】主要为害菜用大豆豆荚、子粒和幼苗子叶。豆荚染病，病斑近圆形至不整形块状，发生在边缘时呈半圆形略凹陷斑，湿度大时，病部生出粉红色或粉白色霉状物，即病菌分生孢子或粘分生孢子团。严重的豆荚裂开，豆粒被菌丝缠绕，表生粉红色霉状物。

【防治措施】

（1）农业防治措施。

①选种：选择抗病耐病的优质、高产品种，选无病种子播种是最经济有效的措施之一。

②加强田间管理：合理稀植，雨后及时排水，改变田间小气候，降低田间湿度。

③种子收后及时晾晒，降低储藏库内湿度，及时清除发霉的豆子。

（2）化学防治措施。

①种子处理：

第一，用种子重量0.3%的40%多菌灵可湿性粉剂或50%福美双可湿性粉剂拌种，或大豆种子重量0.3%的50%利克菌可湿性粉剂，或种子重量0.2%的75%萎福双可湿性粉剂拌种。

第二，用35%甲霜灵粉剂按种子重量的0.3%拌种或用大豆专用包衣剂包衣种子，或多菌灵加福美双按种子重量0.15%~0.3%拌种。

②药剂防治：在赤霉病发病初期，用甲基硫菌灵、苯咪甲环

唑等药剂喷雾防治，注意不同药剂要轮换施用，避免产生抗药性。

第一，现蕾—初花期—盛花期，连续喷洒 2～3 次 60% 多菌灵盐酸盐水溶性粉剂 600 倍液，或用 25% 甲霜灵可湿性粉剂 800 倍液，58% 甲霜灵·代森锰锌可湿性粉剂 600 倍液，或用 64% 杀毒矾（恶霜灵·代森猛锌）可湿性粉剂 500 倍液、72% 霜脲氰·代森锰锌可湿性粉剂 600 倍液，均具有防效好，成本低，操作简单的优点。

第二，在必要时喷洒 60% 防霉宝水溶性粉剂 1 000 倍液，或 50% 苯菌灵可湿性粉剂 1 500 倍液，隔 10～15 天喷施 1 次，连喷 2 次。

17. 菜用大豆灰星病

【病害介绍】菜用大豆灰星病是由半知菌引起的真菌病害，病菌分生孢子器生于叶正面，球形或近球形，褐色，有孔口。分生孢子单胞，椭圆形或卵圆形。病菌在病叶上越冬，翌年借风、雨传播为害。严重时使叶片枯死，引起落叶，造成减产。主要为害菜用大豆叶，幼苗期先从叶缘向叶中心扩展，形成典型"V"字形病斑。

【为害症状】菜用大豆灰星病在叶片上出现圆形、卵圆形或不规则形病斑，直径 2～5mm，初为淡褐色，有极细的暗褐色边缘，后期病斑呈灰白色，有时破裂穿孔，病斑上有明显的小黑点，故称灰星病。病斑上有明显的小黑点，即病菌的分生孢子器。豆荚上病斑圆形，有淡红色边缘。叶柄和茎上病斑长形，淡灰色或黄褐色，有淡紫色或褐色边缘。

【防治措施】

（1）农业防治措施。

①因地制宜选用抗病品种。

②精选无病种子和种消毒。

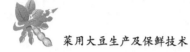

③秋收后及时清除田间的病株残体，将病株残体埋入土中，消灭菌源。

④与禾本科作物实行 3 年以上的轮作。

（2）化学防治措施。

①种子处理：用种子量 0.3％的 50％福美双可湿性粉剂或 70％敌克松可湿性粉剂拌种。

②药剂防治：在发病初期必要时选用 70％甲基托布津可湿性粉剂 600 倍液，或 50％扑海因可湿性粉剂 1 000 倍液，或 80％新万生可湿性粉剂 800 倍液，或 40％多硫悬浮剂 400 倍液，或 45％特克多悬浮剂 1 000 倍液喷雾。

18. 菜用大豆褐斑病

【病害介绍】病菌以分生孢子器和菌丝体随病叶、茎及种子越冬。翌年以分生孢子借风雨传播，由气孔侵入，使植株下部叶片发病。在病残体上越冬的病菌释放出分生孢子，借风雨传播，先侵染底部叶片，发病后病部产生大量分生孢子进行重复侵染向上蔓延。温暖潮湿适宜发病，侵染叶片的温度范围为 16～32℃，28℃最适。潜育期 10～12 天。温暖多雨，夜间多雾，结露持续时间长发病重。且密植的地块病害较重。品种间抗性有差异。

【为害症状】此病主要为害叶片，也侵染茎、叶柄和豆荚，全生育期均可发病。苗期染病，子叶上产生圆形至不规则形，黄褐至暗褐色，少凹陷，略具轮纹，病斑两面均生小黑点，即病菌的分生孢子器。成株发病，多从下部叶开始侵染，由下向上发展。叶斑较小，受叶脉限制，常呈多角形或不规则形，初期黄褐色，逐渐变成锈褐色至黑褐色，内生小黑点。多个病斑汇合，病叶干枯并提早脱落。茎部和叶柄染病，病斑呈褐色条状，略下陷，边缘不明显。荚上病斑红褐至暗褐色，形状不规则，界限明显。

【防治措施】

（1）农业防治措施。

①选用抗、耐病品种，从无病株上留种，或播前进行种子消毒处理。

②实行3年以上轮作，收获后彻底清除病株残体深翻土地，减少田间菌源。

（2）化学防治措施。

①种子处理：可用种子重量0.3%的50%大富丹可湿性粉剂，或65%多果定可湿性粉剂，或50%敌菌灵可湿性粉剂拌种。

②药剂防治：

第一，发病初期喷洒68%精甲霜灵·锰锌水分散粒剂600倍液或78%波锰锌可湿性粉剂600倍液或10%苯醚甲环唑水分散粒剂1 000倍液，或40%氟硅唑乳油5 000倍液，或45%噻菌灵悬浮剂800倍液，或75%的百菌清可湿性粉剂600倍液、或浓度为15%的络氨铜水剂300倍液、或浓度为48%的加瑞农可湿性粉剂800倍液、浓度为78%的可杀得微粒可湿性粉剂500倍液、浓度为30%的绿得保悬浮剂300倍液、浓度为12%的绿乳铜乳油600倍液，隔10天左右的时间进行1次防治，防治次数在1次或2次为宜。

第二，棚室保护地选用5%百菌清粉尘剂，或6.5%甲霜灵粉尘剂，每亩用药1kg喷粉，有较好防效。

19. 菜用大豆黑斑病

【病害介绍】病菌主要以菌丝体及分生孢子随病残体在土壤中，或附在种子表面越冬，成为翌年初侵染源。发病后病斑上产生大量分生孢子进行再侵染，使病害扩展蔓延。温暖高湿适宜发病。长期多雨、多雾或管理粗放、缺乏肥水、植株生长衰弱发病较重。地势低洼积水，种植过密有利于发病。

【为害症状】主要为害叶片和豆荚。叶片染病，病斑不规则形,直径5~10mm,褐色,具同心轮纹,上生黑霉,即病原菌分生孢子梗和分生孢子。荚上生圆形或不规则形黑斑,其上密生黑色真菌,荚皮破裂后,侵染豆粒。

【防治措施】

(1)农业防治措施。

①各地因地制宜选用抗病品种。

②生长期加强管理,适时追肥浇水,避免田间积水。

③收获后彻底清除病残落叶并翻耕土地,减少越冬菌源。

(2)化学防治措施。

①种子处理:精选种子,必要时播种前进行种植处理,可选用种子重量0.4%的50%扑海因可湿性粉剂,或50%农利灵可湿性粉剂,或80%大生可湿性粉剂拌种。

②药剂防治:

第一,重病地或田块应及早喷药控制,发病前开始喷洒80%喷克可湿性粉剂600倍液,或50%扑海因可湿性粉剂1 000倍液,或75%百菌清可湿性粉剂600倍液,或58%甲霜灵·锰锌可湿性粉剂500倍液,或64%杀毒矾可湿性粉剂500倍液,或40%大富丹可湿性粉剂400倍液,或50%得益可湿性粉剂600倍液。还可选用50%敌菌灵可湿性粉剂500倍液,或65%多果定可湿性粉剂1 000倍液,或47%加瑞农可湿性粉剂800倍液,或50%农利灵可湿性粉剂1 200倍液,或2%农抗120水剂200倍液喷雾,10~15天防治1次,共防治1~3次

第二,棚室栽培可在发病初期采用粉尘法防治,喷撒5%百菌清粉尘剂,每亩次喷1kg,隔9天1次,连喷3~4次。或用45%百菌清烟剂、或10%速克灵烟剂,每亩次200~250g。

20. 菜用大豆霜霉病

【病害介绍】该病是由真菌引起的病害,病菌在病残体上或种子上越冬。条件适宜时病菌开始生长,从菜用大豆子叶下的胚

茎侵入，进入芽或真叶，形成系统侵染，该植株成为田间的发病中心，借风雨传播蔓延，再侵染其他植株，经多次再侵染形成该病流行。一般雨季气温 20～24℃ 发病重。品种间存在着抗性差异。

【为害症状】此病全生育期都可发生，可侵害叶片、豆荚和子粒。种子带菌即引起幼苗发病。成株期染病，初期在叶正面出现圆形至不规则形边缘不明显的褪绿斑点，后变成黄色至褐色病斑，随病害发展，病斑背面亦产生灰白至灰紫色霉层，发病后期病斑汇合成大的斑块，以后病叶坏死干枯。豆荚染病，一般症状不明显，仅在染病子粒表面或荚壳内表面黏附灰白色菌丝层，内含大量病菌卵孢子。

【防治措施】

（1）农业防治措施。

①选用抗病品种，选用无病种子或进行种子处理。

②重病地块实行 3 年以上轮作。

③加强栽培管理，清洁田园，及时清除病残体，集中烧毁，并及时耕翻土地。合理密植，增施磷、钾肥。

（2）化学防治措施。

①种子处理：可选用种子重量 0.4% 的 72% 霜脲·锰锌可湿性粉剂拌种，兼防细菌性病害；可选用种子重量 0.4% 的 47% 加瑞农可湿性粉剂拌种；可用 35% 甲霜灵拌种剂以种子量的 0.3% 进行拌种。

②药剂防治：发病初期开始喷洒 1∶1∶200 波尔多液或 90% 三乙膦酸铝可湿性粉剂 500 倍液。或选用 69% 安克·锰锌可湿性粉剂 600～800 倍液，或 72% 克露可湿性粉剂 600～800 倍液，或 72.2% 普力克水剂 600 倍液，或 50% 溶菌灵可湿性粉剂 600～800 倍液喷雾，施药时应尽量把药液喷洒到叶片背面。

21. 菜用大豆褐纹病

【病害介绍】大豆褐纹病又称斑枯病，一般地块病叶率达30%左右，病情指数为15%左右，严重地块病叶率达90%以上，病情指数为60%以上。该病主要造成叶片枯黄，提前10~15天落叶。当病情指数为20%时，产量损失可达12%，病情指数达50%时，产量损失可达19%，病情指数达90%时，产量损失可达26%，大豆植株下部叶片感病对植株中、上部产量损失率影响很大，所以，要防治好植株下部叶片受害。

【为害症状】褐纹病的典型症状是叶部产生多角形或不规则形，大小1~5mm，褐色或赤褐色小型斑，病斑略隆起，中部色淡，稍有轮纹，表面散生小黑点。病斑周围组织黄化，发生重的地块叶片多数病斑可汇合成褐色斑块，使整个叶片变黄，病叶发生发展的顺序是自下而上的发生，直至叶片脱落。茎和叶柄染病生暗褐色短条状边缘不清晰的病斑。病荚染病上生不规则棕褐色斑点。其中，不同叶子的为害症状不同。子叶病斑不规则形，暗褐色，上有很细小的黑点。真叶病斑棕褐色，轮纹上散生小黑点，病斑受叶脉限制呈多角形，直径5mm，严重时病斑愈合成大斑块，致叶片变黄脱落。

【防治措施】

（1）农业防治措施。

①选择适宜品种根据当地种植条件及气候，选择合适的品种，虽然目前还没有高抗品种，但是可以选择抗病性表现较好的品种。

②栽培措施根据长势，进行合理的大田管理，科学施肥、合理灌溉，要实行3年以上的轮作。

化学防治措施：此病属于气流传播为主，多循环病害，在合理轮作和合理施肥的基础上，防治方法应以药剂防治为重点。

（2）药剂防治。在6月中旬喷药可控制前期叶部病害，在8

月 20—25 日喷药可控制后期病害。发病前及中后期各进行 1 次药剂防治，防病增产效果最佳。发病初期喷洒 75%百菌清可湿性粉剂 600 倍液或 50%琥胶肥酸铜可湿性粉剂 500 倍液、14%络氨铜水剂 300 倍液、77%可杀得微粒可湿性粉齐 U500 倍液、47%加瑞农可湿性粉剂 800 倍液、12%绿乳铜乳油 600 倍液、30%绿得保悬浮剂 300 倍滚，隔 10 天左右防治 1 次，防治 1 次或 2 次。

22. **菜用大豆白粉病**

【病害介绍】菜用大豆白粉病是一种区域性和季节性较强的病害，其易于在凉爽、湿度大、早晚温差较大的环境中出现，但也有文献报道其容易在湿度低的环境发病。此病普遍发生于美国东部和中西部、巴西的主要大豆生产区以及东亚等地区，能导致大豆减产。国内分布于河北、四川、吉林、广东、广西壮族自治区（以下简称广西）、贵州等省区。

【为害症状】菜用大豆白粉病主要为害叶片。病菌生于叶片两面，菌丝体永存性。叶上病斑圆形，具暗绿色晕圈，不久长满白粉状菌丛，即病菌的分生孢子梗和分生孢子，后期在白色霉层上长出黑褐色球状颗粒物，即黑褐色闭囊壳。菜用大豆白粉病主要为害叶片，不为害豆荚，叶柄及茎秆极少发病，发病先从下部叶片开始，后向中上部蔓延。感病叶片正面，初期产生白色圆形小粉斑，扩大后呈边缘不明显的片状自粉斑严重发病叶片表面以撒一层白粉病菌的菌丝体及分生孢子后期病斑上白粉逐渐由白色转为灰色，最后病叶变黄脱落，严重影响植株生长发育。

【防治措施】

（1）农业防治措施。

①品种间抗病性差异明显，应选种抗病品种。

②合理施用肥料，加强田间管理，保持植株健壮。

③增施磷钾肥，控制氮肥。

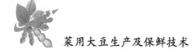
（2）化学防治措施。

药剂防治：一是发病初期及时喷洒 25% 多菌灵 500~700 倍液；或喷洒 70% 甲基硫菌灵（甲基托布津）可湿性粉 500 倍液防治。能减轻发病。二是当病叶率达到 10% 时，每亩可用 20% 的粉锈宁乳剂 50mL，或 15% 的粉锈宁可湿性粉剂 75g，对水 60~80kg 进行喷雾防治。

23. 菜用大豆细菌性斑点病

【病害介绍】菜用大豆细菌性斑点病病菌主要在种子和土壤表层的病株残体中越冬，对土壤中微生物的拮抗作物特别敏感，土壤中病组织腐烂后病菌很快死亡。土壤湿度越大、土层越深，病菌死亡越快。因此，病菌在北方土壤内的残株中可越冬，而在南方则不能在残体中越冬。病菌生长最适温度为 24~26℃，最低 2℃，最高 35℃。病菌可由雨滴反溅带到叶片，也可在叶面潮湿时通过田间作业或收获而传播。天气阴冷潮湿有利于病害发展，干热天气病害受抑制，暴风雨后病害常爆发，即 8 月为发病盛期，高温多雨发病重。

【为害症状】菜用大豆细菌性斑点病由丁香假单胞菌大豆致病变种（*Pseudomonas syringae van Hall* pv. *Glycinea*）侵染引起的。该病病原菌在大豆生育各时期均可侵染；带病种子表现为侵入点呈灰白色，周围有褐色油浸状扩展；子叶发病一般表现为病斑中央褐色，周围褪绿，呈水浸状；三出复叶发病表现为多角形水浸斑或褐色坏死斑，周围出现褪绿圈。菜用大豆细菌性斑点病主要为害叶片，也可侵染幼苗、茎、叶柄、豆荚和籽粒。发病最初在叶片上形成半透明水渍状斑点，呈褪绿色，后转变为黄色至深褐色多角形或不规则病斑，直径 3~4mm，周围有黄绿色晕圈。在湿度大时病叶背后常有白色黏液，干燥后形成有光泽的膜。严重时病斑汇合连片，病叶呈破碎状，造成下部叶片早期脱落。荚上病斑初呈红褐色小点，逐渐变成黑褐色斑点，多发生于豆荚的合缝处。茎及叶柄受害形成黑褐色水渍状的条状条斑。荚的病斑为褐色圆形，以后成为纺锤形。种子表面包被一层细菌黏液，往往出现在种子的一端，形状很像"蛙眼"。

【防治措施】

（1）农业防治措施。

①选用抗病品种，不能盲目地追求产量而在病害发生区种植感病品种：菜用大豆品种不同，自身对环境的适应性和防御性也有所不同。不同菜用大豆品种对菜用大豆细菌性斑点病的抗病性表现差异较大，抗、感反应明显。抗性好的品种主要表现为过敏性坏死反应（hypersensitive reaction）、抑制病原细菌的生长、繁殖和扩张；抗性差的品种则表现出症状明显，叶部发病较重，叶部发病重时病斑可连接成片。由此可见，在生产上适当考虑利用抗病品种，以预防细菌性病害的发生。

②精选种子和种子处理。

③与禾本科作物合理轮作。收获后及时收集田间的病株落叶做燃料或堆肥，病株及病秆不可随意乱放。收获后秋翻土地，可将病株残体深埋，促使病残体加速腐烂，以减少越冬菌源。

④重病田应合理轮作或深翻土壤，以消灭病害的初侵染来源。

⑤田间的积水要及时排出。

⑥合理施肥，氮、磷、钾肥配合施用，实践证明，施用腐熟农家肥也可以控制或减轻病害的发生。

（2）化学防治措施。

①种子处理：播前精选种子，并进行种子消毒，剔除病粒坏粒，进行药剂拌种。用大豆种衣剂对种子进行包衣或播种前用种子重量 0.3% 的 50% 福美双拌种。

②药剂防治：在发病初期喷洒 1∶1∶160 倍式波尔多液或 30% 绿得保悬浮液 400 倍液，其他有效药剂有 30% 碱式硫酸铜悬浮剂 400 倍液、30% 绿氧化铜悬浮剂 800 倍液、72% 农用链霉素

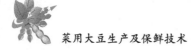

可湿性粉剂 200~350g/hm² 对水 1 000L。

24. 菜用大豆茎枯病

【病害介绍】茎枯病分布在东北、华北等各地，多发生于菜用大豆植株生育的中后期。主要为害茎部。茎上初生长椭圆形病斑，灰褐色，后逐渐扩大呈一块块黑色长条斑。初发生于茎下部，渐蔓延到茎上部，落叶后收获前植株茎上症状最为明显易于识别。病菌以分生孢子器在病茎上越冬，成为翌年初侵染菌源，借风雨进行传播蔓延。

【为害症状】菜用大豆茎枯病最初发生于茎下部，以后逐渐向上发展。病斑长椭圆形，灰褐色，以后扩大呈黑色条斑；落叶后收获前植株的症状最为明显。大豆茎枯病是由真菌引起的。病菌的分生孢子器散生或聚生于表皮下，球形或近球形，器壁膜质，褐色。分生孢子球形或椭圆形，无色，单胞，两端钝圆，内含 2 个油球。

【防治措施】

（1）农业防治措施。

①选种发病轻的品种。

②及时清除病株残体，秋翻土地将病株残体深埋土里，减少菌源。

（2）化学防治措施。

药剂防治：在菜用大豆茎枯病发病初期喷洒 50%多菌灵 500 倍液或 70%百菌清 500 倍液。

25. 菜用大豆锈病

【病害介绍】主要为害叶片，叶柄和茎。叶片两面均可发病，初生黄褐色斑，病斑扩展后叶背面稍隆起，即病菌夏孢子堆，表皮破裂后散出棕褐色粉末，即夏孢子，致叶片早枯。生育后期，在夏孢子堆四周形成黑褐色多角形稍隆起的冬孢子堆。叶柄和茎染病产生症状与叶片相似。

【为害症状】夏孢子堆生在表皮下，稍隆起，浅红褐色；夏孢子近球形至卵形，单细胞，黄褐色，表面密生细刺，有 4～5 个不明显的萌芽孔，大小（22.4～35.2）×（14.4～25.6）μm；冬孢子堆埋生在组织里，由 2～4 层冬孢子组成；冬孢子黑褐色，长椭圆形，膜厚平滑，大小（13～25）×（8～12）μm。发病菜用大豆最常见的症状就是叶片上出现 2～5mm 的黄褐色到深棕色的多角形病斑。叶片上每个病斑上有大量的卵圆形锈菌夏孢子的夏孢子堆，夏孢子堆会释放夏孢子继续侵染叶片。在菜用大豆锈病发病前期，首先在老叶上形成褪绿斑点，造成花叶。在这个时期，由于症状相对不明显，而且斑点显现不清楚，所以，通常很难辨认出该病。发病中后期，叶片会变黄，病菌会覆盖叶柄、茎或豆荚的下部，有时候也会出现在叶柄、茎或豆荚上，经常可以观察到叶片过早脱落的现象。

【防治措施】

（1）农业防治措施。

菜用大豆锈病的农业防治根据当地气候调整播种时间，可以避免菜用大豆锈病的流行。合理安排田间种植密度，避免田间通气不足，湿度过大，导致病害的发生和流行。采用作物轮作，避免重茬，及时清除病残体，减少菜用大豆锈菌的越冬菌源。巴西在部分菜用大豆种植区域实行菜用大豆禁种政策，在一定范围内，也是一种有效的农业防治手段。

①选用抗病品种。

②除受大气候影响外，小气候也很重要。雨后注意清沟排渍，降低田间湿度，可以明显减轻发病。采用配方施肥技术，提高植株抗病力。

③通过对该病的研究，已经明确大豆锈病的发生与温度、湿度、雨量有关。部分地区可以通过改变耕作制度，改秋豆为春豆，使菜用大豆发病期避开适合流行的气候条件。

④避免种植田埂豆：江西体省石城县报道过，当地大豆锈病首先侵染田埂豆，再从田埂豆传播到秋大豆上，这种现象在湖北省孝感市和其他地方也曾经见到，由于病菌首先为害田埂豆，经过多次再侵染，病源数量增大，大量菌源包围秋大豆，使秋大豆发病期提早，蔓延快，致使秋大豆发病严重。所以，在秋大豆附近，最好不种田埂豆，可以减轻锈病为害。

⑤适当调整播种期：适当调整播种期可以减轻发病。一般过早播种病害严重，太迟播种产量下降，各地应根据本地情况，控制播种时期。

⑥中耕除草出苗后进行中耕除草：一方面增加土壤透气性，使植株生长健壮；另一方面使田间通风透光，降低田间湿度，改变田间小气候，可预防菜用大豆锈病的发生。

（2）化学防治措施。

菜用大豆锈病的化学防治在菜用大豆生产中，既无高效抗病品种，化学药剂就成为菜用大豆种植者们防治菜用大豆锈病的首要选择。早期防治菜用大豆锈病杀菌剂，比较常见的有三唑酮、百菌清、代森锰锌等。在非洲进行的大豆杀菌剂药效评估试验发现，通过三唑类杀菌剂与其他作用机理不同的杀菌剂轮换使用，对大豆锈病有很好的控制效果，比如氟硅唑与多菌灵，三唑酮与百菌清。印度等地区的杀菌剂评估试验表明，甲氧基丙烯酸酯类杀菌剂与三唑类杀菌剂混配或者轮换使用的方式，能够有效的防治大豆锈病，其中表现优异的是嘧菌酯和戊唑醇的组合。另外，同样的组合在非洲南部地区应用，其对菜用大豆锈病防治效果比较稳定，尤其是在病害发生初期使用，防效最高，可达95%以上。在巴西，羧酰替苯胺类杀菌剂应用最为广泛，其抗性也越来越突出。三唑类杀菌剂与甲氧基丙烯酸酯类杀菌剂由于高用药量导致巴西菜用大豆锈病对以上两种药剂的抗性越来越明显，致使农户要加大用药量或者提高喷药次数，结果抗性水平越来越高。

在菜用大豆锈病发生前期或初期喷施杀菌剂，即在病害流行前提早预防病害，可有效控制整个生长季菜用大豆病害，显著提高菜用大豆产品，降低喷药次数，节约成本。

26. 菜用大豆荚枯病

【病害介绍】菜用大豆荚枯病，主要为害豆荚，也能为害叶和茎。菜用大豆荚枯病为广谱性病害，各菜用大豆产区时常发生。病原菌为豆荚大茎点菌，属半知菌亚门真菌，分生孢子器散生或聚生，埋生在病部表皮下，露有孔口，分生孢子器黑褐色，球形至扁球形，分生孢子长椭圆形至长卵形，单胞，无色，两端纯圆。以菌丝体在带病种子或分生孢子器在病残体上越冬，成为翌年初浸染菌源，多年连作地块，田间残留病残体及周边杂草上越冬菌量多的、地势低洼、排水不良、在潮湿条件下发病就重，反之，则发病较轻。

【为害症状】分生孢子器散生或聚生，埋生在病部表皮下，露有孔口，分生孢子器黑褐色，球形至扁球形，器壁膜质，大小 $104\sim168\mu m$。分生孢子长椭圆形至长卵形，单胞无色，两端钝圆，大小（$17\sim23$）$\mu m\times$（$6\sim8$）μm。荚染病初病斑暗褐色，后变苍白色，凹陷，上轮生小黑点，幼荚常脱落，老荚染病萎垂不落，病荚大部分不结实，发病轻的虽能结荚，但粒小、易干缩，味苦。茎、叶柄染病产生灰褐色不规则形病斑，上生无数小黑粒点，致病部以上干枯。

【防治措施】

（1）农业防治措施。

①建立无病留种田，选用无病种子。发病重的地区实行3年以上轮作。

②整地选种：一是建立无病种田，实行3年以上轮作。二是深翻土地，施足底肥，灌好底墒。三是选好优质抗病品种，用新高脂膜进行拌种处理（能有效隔离病毒感染，不影响萌发吸胀

功能，加强呼吸强度，提高种子发芽率），按要求适期播种。

③田间管理：一是苗期要多次中耕除草，发现病株要及时拔除病带出田外销毁。二是根据植株生长情况，及时灌水施肥，保证 NPK 比例和墒情合理匹配，同时，喷施新高脂膜，增强肥效。三是要在花蕾期、幼荚期和膨果期喷施菜果壮蒂灵，可强花强蒂，提高抗病能力，增强授粉质量，促进果实发育。

（2）化学防治措施。

①药剂防治，做好田间监测工作，发病初期，要按植保要求用针对性药剂加新高脂膜进行防治。

②种子处理。用种子重量 0.3% 的 50% 福美双或拌种双粉剂拌种。

27. 菜用大豆菌核病

【病害介绍】菜用大豆菌核病是菜用大豆种植后到 7 月下旬之后易发作的真菌病害。为害的真菌核盘菌，属于子囊菌亚门。最初茎秆上生有褐色病斑，以后病斑上长有白色棉絮状菌丝体及白色颗粒，后变黑色颗粒（菌核）。纵剖病株茎秆，可见黑色圆柱形老鼠屎一样的菌核，病株常枯死呈白色。该种病害可以通过轮作或喷洒农药等方式防治。

【为害症状】7 月下旬开始发病，主要为害地上部，苗期、成株均可发病，花期受害重，产生苗枯、叶腐、茎腐、荚腐等症。苗期染病茎基部褐变，呈水渍状，湿度大时长出棉絮状白色菌丝，后病部干缩呈黄褐色枯死，表皮撕裂状。叶片染病始于植株下部，初叶面生暗绿色水浸状斑，后扩展为圆形至不规则形，病斑中心灰褐色，四周暗褐色，外有黄色晕圈；湿度大时亦生白色菌丝，叶片腐烂脱落。茎秆染病多从主茎中下部分权处开始，病部水浸状，后褪为浅褐色至近白色，病斑形状不规则，常环绕茎部向上、下扩展，致病部以上枯死或倒折。湿度大时在菌丝处形成黑色菌核。病茎髓部变空，菌核充塞其中。干燥条件下茎皮纵向撕裂，维管束外露似乱麻，严重的全株枯死，颗粒不收。豆荚染病现水浸状不规则病斑，荚内、外均可形成较茎内菌核稍小的菌核，多不能结实。

【防治措施】

（1）农业防治措施。

①加强长期和短期测报以正确估计本年度发病程度，并据此确定合理种植结构。

②实行与非寄主作物3年以上的轮作。菌核在非寄主轮作的生长季也可以萌发，无效侵染而死。利用菌核病只会对菜用大豆、油菜等农作物造成为害的特点，对同一地块种植的农作物种类进行转变，对不同的农作物实行轮作的方式，以3年1次为宜，尽量避免同向日葵或油菜等作物种类在较近的地块上进行种植，防止真菌扩散传播。避免菜用大豆连作或与向日葵、油菜、杂豆、麻类进行轮作和邻作，应与禾本科作物如麦类、谷子、玉米等采取3年以上轮作，以回避菌源。

③选用优良品种在无病田留种，选用无病种子播种，或选用株型紧凑、尖叶或叶片上举、通风透光性能好的耐病品种。种子在播种前要过筛，清除混在种子中的菌核。在播种之前对菜用大豆种子进行筛选，对于已出现菌核的菜用大豆种子要进行剔除，选择品种好、抗病性较强的菜用大豆种子进行种植。

④及时排水，降低豆田湿度，避免施氮肥过多，收获后清除病残体。发生严重地块后，豆秆要就地烧毁，实行秋季深翻，使遗留在土壤表层的菌核、病株残体埋入土下腐烂死亡。

⑤对地势较低的地块进行平整，防止在雨季到来时由于积水而为菌核繁殖提供条件。同时，注意在已经出现菜用大豆菌核病的土地上再次种植农作物之前要进行深翻，将一些有菌核病原体寄生的残留植株翻入土壤以下。

⑥注意合理施肥，控制氮肥的使用量，通过控制植株密度的

方式使得菌核病的发生概率降低。

⑦对于已发生较为严重菌核病的菜用大豆田，在收获以后要特别注意，由于菌核是产生这种疾病的主要原因，因此，对产生这些疾病的菜用大豆植株进行焚烧处理，这样首先可消除致病真菌繁殖场所，其次可杀灭原有的致病真菌。

（2）化学防治措施。

①40%菌核净可湿性粉剂每公顷顷1.05kg，对水喷雾。

②50%腐霉利（速克灵）可湿性粉剂每公顷1.5kg，对水喷雾。

③50%异菌（扑海因）可湿性粉剂每公顷0.75~1.5kg，对水喷雾。

④500克／升甲基硫菌灵悬浮剂每公顷1.5L或40%多菌灵悬浮剂每公顷1.5L或80%多菌灵每公顷0.75kg对水喷雾。一般于发病初期喷1次，7~10天后再喷1次。

⑤发病初期开始喷洒40%多，硫悬浮剂600~700倍液或70%甲基硫菌灵可湿性粉剂500~600倍液、50%混杀硫悬浮剂600倍液、80%多菌灵可湿性粉剂600~700倍液、50%扑海因可湿性粉剂1 000~1 500倍液、12.5%治萎灵水剂500倍液、40%治萎灵粉剂1 000倍液、50%复方菌核净1 000倍液，此外，每亩施用真菌王肥200ml与50%防霉宝（多菌灵盐酸盐）600g，对水60L于初花末期或发病初期喷洒，防效优异。

⑥50%农利灵可湿性粉剂每公顷用药量1 500g，对水喷雾；25%施保克乳油，每公顷1 050mL，对水喷雾。

一般于发病初期防治1次，7~10天后再喷1次，但一定要喷得均匀周到，才能得较好效果。

28. 菜用大豆细菌性角斑病

【病害介绍】菜用大豆细菌性斑点病又称细菌性角斑病。主要分布在北方菜用大豆产区，主要为害叶片，也为害幼苗、叶柄、豆荚和子粒。细菌性斑点病菌在种子上或未腐熟的病残体上越冬。翌年播种带菌种子，出苗后即发病，成为该病扩展中心，病菌借风雨传播蔓延。多雨及暴风雨后，叶面伤口多，利于该病发生。连作地发病重。病菌在种子及病残体中越冬，当病组织腐烂后，其中的病菌很快死亡。斑疹病病菌还可在杂草上越冬。带病种子播种后，首先引起幼苗子叶发病，而后借风雨传播，扩大再侵染。多雨，特别是暴风雨后，叶面伤口较多，更有利于病害的扩展蔓延。菜用大豆连作田间菌源大，病害发生严重。

【为害症状】斑点病、斑疹病主要为害叶片、叶柄、茎秆及豆荚，以叶片为主。斑点病先在叶片上形成多角形水渍状小斑点，褐色至黑褐色，中央很快干枯呈黑色，边缘有黄色晕圈，以后扩大成为不规则的干枯大斑，病部易脱落，使叶片呈破碎状，病株底叶常提早脱落。在豆荚上产生水渍状小斑点，以后扩展至荚的大部分，变成褐色。种子表面包被一层细菌黏液，病粒萎缩，稍褪色或色泽不变。在茎和叶上产生较大的黑色病斑。斑疹病在子叶上的病斑呈褐色。成株期叶的病斑为淡褐色小点，随即转化为暗褐色多角形的小斑，大小为 $1\sim2\text{mm}$；其后病斑稍隆起，表皮开裂，形似斑疹，病斑周围无黄色晕圈。受害重时，叶片上病斑群生，大块组织变褐枯死，似火烧状。该病也能侵染豆荚，初为圆形小点，褐色，后渐变成黑褐色枯斑。斑疹病与斑点病的区别在于：斑疹病的病斑初期不呈水渍状，并且中央常有一凸起的小疹，病斑周围也没有黄色晕圈。

【防治措施】

（1）农业防治措施。

①与禾本科作物及棉、麻、薯类等作物进行 3 年以上轮作轮作，收获后及时深翻，促使病残体加速腐烂。

②选用抗病品种。

③使用充分腐熟的有机肥。

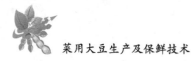

④消灭菌源。收获后遗留在田间的病株残余组织必须清除干净，秆也不可随意堆放和散落，以减少越冬菌源。重病田应合理轮作或深翻土壤，以消灭病害的初次侵染来源。

（2）化学防治措施。

①种子处理：播种前用种子重量0.3%的50%福美双拌种。

②发病初期喷洒50%多菌灵或30%绿得保悬浮液400倍液，视病情决定防治次数，一般2~3次。采用无病种子及种子消毒。建立无病种子田，或从无病田留种，以保证种子不带菌。如在轻病田取种，则种子必须进行消毒处理，可用种子重量0.3%的50%福美双可湿性粉剂拌种，或用50~100单位农用链霉素液浸种30~60分钟，晾干后播种。

③喷药防治。发病初期开始喷药，每隔7~10天喷1次，连续喷2~3次，常用药剂有65%代森锌可湿性粉剂、70%甲基托布津可湿性粉剂、50%多菌灵可湿性粉剂、75%百菌清可湿性粉剂等。

29. 菜用大豆茎溃疡病

【病害介绍】茎溃疡病是一种严重的毁灭性病害。它可以使生长中期至成熟期的大豆植株死亡。此病在美国中西部地区的感病品种上发生普遍，有些地块发病植株达80%以上，损失可达50%。在印第安纳州调查，近35%植株死亡，并有许多严重感病植株的地块减产20%。植株发病越早，产量损失越大。

【为害症状】在茎下部几节（约8节）的分枝或叶柄基部出现红褐色的小表面斑点。病斑往往首先出现在叶柄脱落以后的叶痕上。当病害发展时，病痕变黑、延长，并时常绕茎成凹陷的溃疡，使植株死亡。植株死亡时，褐斑上下的茎部仍为绿色，这是本病的特征，可与其他菜用大豆根、茎部病害区别。叶部症状表现为脉间褪绿和坏死，随之由于植株的死亡而保留着死叶。菜用大豆茎溃疡病为害症状均表现于茎和叶片。首先，在菜用大豆生殖生长阶段初期，通常在菜用大豆下部叶节附近出现红褐色小斑，慢慢纵向扩展形成微凹陷、红棕色的溃疡斑。老熟溃疡斑边缘红棕色，中心灰褐色。由北方茎溃疡病引起的病斑最后变成深褐色，长 2~10cm 包围茎，引起植株萎蔫、死亡。死亡后叶子不脱落。南方茎溃疡病引起的病斑延长但不包围茎，叶片表现叶脉间有褪绿和坏死症状。受害后由于菜用大豆成熟前死亡导致菜用大豆产量损失严重，受感染后未死的植株表现为种子减少、变小。

【防治措施】

（1）检疫与种子处理研究表明，种子处理杀菌剂能够大大减低茎溃疡病，但不会消除。以萎秀灵—福美双、萎锈灵—福美双—克菌丹对防治 DPC 侵染的种子效果最好，

（2）应严防从疫区引种。

（3）培育抗病品种。

30. 菜用大豆白绢病

【病害介绍】菜用大豆白绢病是一种为害菜用大豆生长的农业疾病，表现为病株生育不良，茎叶变黄，逐渐枯死，分布于四川、贵州、江西、台湾等省。菌核初为黄色、暗褐色，球形，直径 0.5~1.5mm。生理生化特征：萌发适温为 32~33℃，最高 38℃，最低 13℃。最适 pH 值 5.9，在 pH 值 1.9~8.4 均可发育。菜用大豆白绢病为害部位：茎、叶。

【为害症状】为害症状病株生育不良，茎叶变黄，逐渐枯死，茎基部缠绕有白色菌丝，后期逐渐变褐，并生有褐色小米粒状的菌核。

【防治措施】进行轮作，施用石灰等措施可减轻发病。

31. 菟丝子

【病害介绍】菟丝子为旋花科、菟丝子属一年生藤本植物，是菜用大豆田一种恶性寄生性杂草，除菜用大豆外，还寄生于多种作物和杂草上。一株菟丝子能连续寄生大豆 100~300 株，结籽 140 余粒。土温在 25~30℃时，最适合菟丝子种子萌发，菟丝

子种子抗逆性强，可存活多年。其茎有很强的再生能力，生育期约为 90 天，以种子传播。

【为害症状】菟丝子的蔓茎粗 1~2mm，黄色、淡黄色或紫红色，叶鳞片状，膜质，花黄白色，多数簇生，呈绣球花，种子近圆形，黄色、黄褐色或黑褐色，以茎蔓缠绕寄生，产生吸盘，扎入寄主皮内吸收养分和水分。

【防治措施】

（1）播种前要精选种子，用筛子清除菟丝子种子。

（2）发病严重地区，要注意作物的轮作，发病初期，要及时清除菟丝子并集中销毁。同时，还可用除草剂防除。

附图：图 6-1 至图 6-31

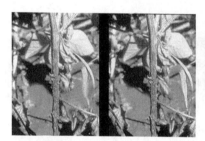

图 6-1　菜用大豆根腐病

图 6-2　菜用大豆疫病

图 6-3　菜用大豆炭疽病

图 6-4　菜用大豆灰斑病

图 6-5　菜用大豆花叶病毒病

图 6-6　菜用大豆粉霉病

图 6-7　菜用大豆立枯病

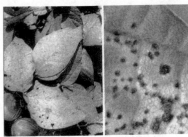

图 6-8　菜用大豆细菌性斑疹病

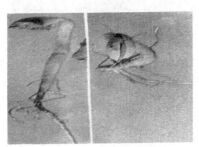

图 6-9　菜用大豆猝倒病

图 6-10　菜用大豆枯萎病

图 6-11　菜用大豆纹枯病

图 6-12　菜用大豆细菌叶烧病

图 6-13　菜用大豆轮纹病

图 6-14　菜用大豆红冠腐病

图 6-15　菜用大豆紫斑病

图 6-16　菜用大豆赤霉病

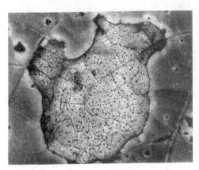

图 6-17　菜用大豆灰星病

图 6-18　菜用大豆褐斑病

图 6-19　菜用大豆黑斑病

图 6-20　菜用大豆霜霉病

图 6-21　菜用大豆褐纹病

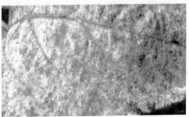

图 6-22　菜用大豆白粉病

图 6-23　菜用大豆细菌性斑点病

图 6-24　菜用大豆茎枯病

图 6-25　菜用大豆锈病

图 6-26　菜用大豆荚枯病

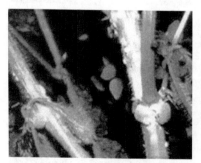

图 6-27　菜用大豆菌核病

图 6-28　菜用大豆细菌性角斑病

图 6-29 菜用大豆茎溃疡病

图 6-30 菜用大豆白绢病

图 6-31 菟丝子

第五节 菜用大豆主要虫害及防治方法

1. 小地老虎

小地老虎，又名土蚕，切根虫。经历卵、幼虫、蛹、成虫。年发生代数随各地气候不同而异，越往南年发生代数越多，以雨

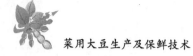

量充沛、气候湿润的长江中下游和东南沿海及北方的低洼内涝或灌区发生比较严重；在长江以南以蛹及幼虫越冬，适宜生存温度为 15～25℃。天敌有知更鸟、鸦雀、蟾蜍、鼬鼠、步行虫、寄生蝇、寄生蜂及细菌、真菌等。对农、林木幼苗为害很大，轻则造成缺苗断垄，重则毁种重播。

【形态特征】

成虫：体长 21～23mm，翅展 48～50mm。头部与胸部褐色至黑灰色，雄蛾触角双栉形，栉齿短，端 1/5 线形，下唇须斜向上伸，第一、第二节外侧大部黑色杂少许灰白色，额光滑无突起，上缘有一黑条，头顶有黑斑，颈板基部色暗，基部与中部各有一黑色横线，下胸淡灰褐色，足外侧黑褐色，胫节及各跗节端部有灰白斑。腹部灰褐色，前翅棕褐色，前缘区色较黑，翅脉纹黑色，基线双线黑色，波浪形，线间色浅褐，自前缘达 1 脉，内线双线黑色，波浪形，在 1 脉后外突，剑纹小，暗褐色，黑边，环纹小，扁圆形，或外端呈尖齿形，暗灰色，黑边，肾纹暗灰色，黑边，中有一黑曲纹，中部外方有一楔形黑纹伸达外线，中线黑褐色，波浪形，外线双线黑色，锯齿形，齿尖在各翅脉上断为黑点，亚端线灰白，锯齿形，在 2～4 脉间呈深波浪形，内侧在 4～6 脉间有 2 条楔形黑纹，内伸至外线，外侧有 2 个黑点，外区前缘脉上有 3 个黄自点，端线为一列黑点，缘毛褐黄色，有一列暗点。后翅半透明白色，翅脉褐色，前缘、顶角及端线褐色。

幼虫：头部暗褐色，侧面有黑褐斑纹，体黑褐色稍带黄色，密布黑色小圆突，腹部末端肛上板有一对明显黑纹，背线、亚背线及气门线均黑褐色，不很明显，气门长卵形，黑色。

卵：扁圆形，花冠分 3 层，第一层菊花瓣形，第二层玫瑰花瓣形，第三层放射状菱形。

蛹：黄褐至暗褐色，腹末梢延长，有一对较短的黑褐色粗刺。

【生活习性】

成虫：小地老虎白天潜伏于土缝中、杂草间、屋檐下或其他隐蔽处，夜出活动、取食、交尾、产卵，以 19: 00—22: 00 时最盛，在春季傍晚气温达 8℃时，即开始活动，温度越高，活动的数量与范围亦愈大，大风夜晚不活动，成虫具有强烈的趋化性，喜吸食糖蜜等带有酸甜味的汁液，作为补充营养，故可用糖、醋、酒混合液诱杀。第一代成虫并有群集于女贞及扁柏上栖息或取食树上蚜露的习性，易于捕捉，对普通灯趋光性不强，但对黑光灯趋性强。成虫羽化后经 3~4 天交尾，在交尾后第二天产卵，卵产在土块上及地面缝隙内的占 60%~70%，土面的枯草茎或须根草、秆上占 20%，杂草和作物幼苗叶片反面占 5%~10%，在绿肥田，多集中产在鲜草层的下部土面或植物残体上，一般以土壤肥沃而湿润的田里为多，卵散产或数粒产生一起，每一雌蛾，通常能产卵 1 000 粒左右，多的在 2 000 粒以上，少的仅数十粒，分数次产完。产卵量的多少，据试验证明，在蜜源植物丰富和营养条件良好的情况下，每雌可产卵 1 000~4 000 粒，羽化后不给补充营养，只产卵几十粒或不产卵，成虫产卵前期 4~6 天，在成虫高峰出现后 4~6 天，田间相应地出现 2~3 次产卵高峰，产卵历期为 2~10 天，以 5~6 天为最普遍，雄雌成虫的性比为50. 42：49. 58。成虫寿命，雌蛾 20~25 天，雄蛾 10~15 天。

卵：小地老虎卵的历期随气温而异，平均温度在 19~29℃的情况下，卵历期为 3~5 天。据测定，卵的发育起点温度为 8.51±0. 49℃，有效积温为 69. 59 ±6. 04 日度。

幼虫：幼虫共 6 龄，但少数为 7~8 龄，幼虫食性很杂，主要为害各类作物的幼苗期，例如，棉花、麦类、玉米、高粱、粟、豆类、十字花科蔬菜、瓜类、烟草、茄、番茄、马铃薯、甘薯、茶、甜菜、洋葱等。1~3 龄幼虫日夜均在地面植株上活动取食，取食叶片（特别是心叶）成孔洞或缺刻，这是检查幼龄

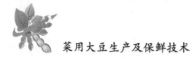

幼虫和药剂防治的标志。到 4 龄以后，白天躲在表土内，夜间出来取食，尤其在 21:00 及清晨 5:00 活动最盛，在阴暗多云的白天，也可出土为害。取食时就在齐土面部位，把幼苗咬断倒伏在地，或将切断的幼苗连茎带叶拖至土穴中，以备食用，这时幼虫多躲在被害苗附近的浅土中，只要拨开浅土，就可以抓到幼虫。4~6 龄幼虫占幼虫期总食量的 97% 以上，每头幼虫一夜可咬断幼苗 3~5 株，造成大量缺苗断垅。

蛹：小地老虎幼虫老熟后，大都迁移到田埂、田边、杂草根旁较高燥的土内深 6~10cm 处筑土室开始化蛹，为害显著减轻。前蛹期 2~3 天。第一代蛹期平均 18~19 天。

越冬：小地老虎在中国南方各省区的大部分地区，一般以幼虫和蛹在土中越冬，在冬暖（1 月平均温度高于 8℃）的地区，冬季能继续生长、繁殖与为害，例如，在广东、福建等省可为害小麦、烟草、马铃薯、绿肥和蔬菜及菜豆等。目前已经确认，小地老虎的越冬北界为北纬 33℃ 左右，并确认小地老虎具有长距离迁飞的特性。

【防治方法】

（1）物理防治。

①诱杀成虫。结合黏虫用糖、醋、酒诱杀液或甘薯、胡萝卜等发酵液诱杀成虫。

②诱捕幼虫。用泡桐叶或莴苣叶诱捕幼虫，于每日清晨到田间捕捉；对高龄幼虫也可在清晨到田间检查，如果发现有断苗，拨开附近的土块，进行捕杀。

（2）化学防治。对不同龄期的幼虫，应采用不同的施药方法。幼虫 3 龄前用喷雾，喷粉或撒毒土进行防治；3 龄后，田间出现断苗，可用毒饵或毒草诱杀。

棉花、甘薯每平方米有虫（卵）0.5 头（粒）；玉米、高粱有虫（卵）1 头（粒）或百株有虫 2~3 头；大豆穴害率达 10%。

防治指标各地不完全相同，下列指标可供参考。

①喷雾：每公顷可选用50%辛硫磷乳油750mL，或2.5%溴氰菊酯乳油或40%氯氰菊酯乳油300~450mL、90%晶体敌百虫750g，对水750L喷雾。喷药适期应在有虫3龄盛发前。

②毒土或毒砂：可选用2.5%溴氰菊酯乳油90~100mL，或50%辛硫磷乳油或40%甲基异柳磷乳油500mL加水适量，喷拌细土50kg配成毒土，每公顷300~375kg顺垄撒施于幼苗根标附近。

③毒饵或毒草：一般虫龄较大是可采用毒饵诱杀。可选用90%晶体敌百虫0.5kg或50%辛硫磷乳油500mL，加水2.5~5L，喷在50kg碾碎炒香的棉籽饼、豆饼或麦麸上，于傍晚在受害作物田间每隔一定距离撒一小堆，或在作物根际附近围施，每公顷用75kg。毒草可用90%晶体敌百虫0.5kg，拌砸碎的鲜草75~100kg，每公顷用225~300kg。

（3）生物防治。

①六索线虫：小地老虎被六索线虫寄生后，出现了一系列病态。体躯缩小，行动迟缓，食欲减退，于死亡前的1~3天停食，寿命要比正常者减短数小时。死时，它的体内已被破坏，组织液化，水分流出，体躯皱缩软腐。

②小卷蛾线虫：用小卷蛾线虫悬浮液稀释后喷洒在菜田的土壤表面，每公顷线虫使用量为15亿~30亿条。

2. 斜纹夜蛾

斜纹夜蛾，学名：Spodoptera litura（Fabricius）。属鳞翅目夜蛾科斜纹夜蛾属的一个物种，是一种农作物害虫，褐色，前翅具许多斑纹，中有一条灰白色宽阔的斜纹，故名斜纹夜蛾。

【形态特征】

卵：扁平的半球状，初产黄白色，后变为暗灰色，块状黏合在一起，上覆黄褐色绒毛。幼虫体长33~50mm，头部黑褐色，

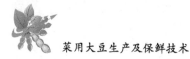

胸部多变，从土黄色到黑绿色都有，体表散生小白点，冬节有近似三角形的半月黑斑一对。

幼虫：取食甘薯、棉花、芋、莲、田菁、大豆、烟草、甜菜和十字花科和茄科蔬菜等近 300 种植物的叶片，间歇性猖獗为害。成虫体长 14~21mm；翅展 37~42mm。幼虫体长 33~50mm，头部黑褐色，胸部多变，从土黄色到黑绿色都有，体表散生小白点，冬节有近似三角形的半月黑斑一对。

成虫：成虫前翅灰褐色，内横线和外横线灰白色，呈波浪形，有白色条纹，环状纹不明显，肾状纹前部呈白色，后部呈黑色，环状纹和肾状纹之间有 3 条白线组成明显的较宽的斜纹，自翅基部向外缘还有 1 条白纹。后翅白色，外缘暗褐色。卵半球形，直径约 0.5mm；初产时黄白色，孵化前呈紫黑色，表面有纵横脊纹，数十至上百粒集成卵块，外覆黄白色鳞毛。老熟幼虫体长 38~51mm，夏秋虫口密度大时体瘦，黑褐或暗褐色；冬春数量少时体肥，淡黄绿或淡灰绿色。蛹长 18~20mm，长卵形，红褐至黑褐色。腹末具发达的臀棘一对。中国从北至南一年发生 4~9 代。以蛹在土中蛹室内越冬，少数以老熟幼虫在土缝、枯叶、杂草中越冬。南方冬季无休眠现象。发育最适温度为 28~30℃，不耐低温，长江以北地区大都不能越冬。

【生活习性】斜纹夜蛾是一类杂食性和暴食性害虫，为害寄主相当广泛，除十字花科蔬菜外，还可为害包括瓜、茄、豆、葱、韭菜、菠菜以及粮食、经济作物等近 100 科、300 多种植物。以幼虫咬食叶片、花蕾、花及果实，初龄幼虫啮食叶片下表皮及叶肉，仅留上表皮呈透明斑；4 龄以后进入暴食，咬食叶片，仅留主脉。在包心椰菜上，幼虫还可钻入叶球内为害，把内部吃空，并排泄粪便，造成污染，使之降低乃至失去商品价值。

【防治方法】

（1）农业防治。

①除杂草：收获后翻耕晒土或灌水，以破坏或恶化其化蛹场所，有助于减少虫源。

②结合管理：随手摘除卵块和群集为害的初孵幼虫，以减少虫源。

（2）生物防治。利用雌蛾在性成熟后释放出一些称为性信息素的化合物，专一性地吸引同种异性与之交配，而我们则可通过人工合成并在田间缓释化学信息素引诱雄蛾，并用特定物理结构的诱捕器捕杀靶标害虫，从而降低雌雄交配，降低后代种群数量而达到防治的目的。使用该技术不仅在靶标害虫种群下降和农药使用次数减少的同时，降低农残，延缓害虫对农药抗性的产生。同时，保护了自然环境中的天敌种群，非目标害虫则因天敌密度的提高而得到了控制，从而间接防治次要害虫的发生。达到农产品质量安全、低碳经济和生态建设要求。

（3）物理防治。

①点灯诱蛾：利用成虫趋光性，于盛发期点黑光灯诱杀。

②糖醋诱杀：利用成虫趋化性配糖醋（糖：醋：酒：水＝3：4：1：2）加少量敌百虫诱蛾。

③柳枝蘸洒500倍敌百虫诱杀蛾子。

（4）化学防治。交替喷施21%灭杀毙乳油6 000~8 000倍液，或50%氰戊菊酯乳油4 000~6 000倍液，或20%氰马或菊马乳油2 000~3 000倍液，或2.5%功夫、2.5%天王星乳油4 000~5 000倍液，或20%灭扫利乳油3 000倍液，或80%敌敌畏、或2.5%灭幼脲、或25%马拉硫磷1 000倍液，或5%卡死克、或5%农梦特2 000~3 000倍液，喷施2~3次，隔7~10天喷施1次，喷匀喷足。

3. 甜菜夜蛾

甜菜夜蛾，学名Spodoptera exigua（Hübner，1808）。俗称白菜褐夜蛾，隶属于鳞翅目、夜蛾科，是一种世界性分布、间歇性

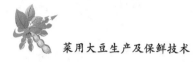

大发生的以为害蔬菜为主的杂食性害虫。对大葱、甘蓝、大白菜、芹菜、菜花、胡萝卜、芦笋、蕹菜、苋菜、辣椒、豇豆、花椰菜、茄子、芥蓝、番茄、菜心、小白菜、青花菜、菠菜、萝卜等蔬菜都有为害。

【形态特征】

幼虫：体色变化很大，有绿色、暗绿色、黄褐色、黑褐色等，腹部体侧气门下线为明显的黄白色纵带，有时呈粉红色。成虫昼伏夜出，有强趋光性和弱趋化性，大龄幼虫有假死性，老熟幼虫入土吐丝化蛹。

成虫：体长 10~14mm，翅展 25~34mm。头胸及前翅灰褐色，前翅基线仅前端可见双黑纹，内、外线均双线黑色，内线波浪形，剑纹为一黑条。环、肾纹粉黄色，中线黑色波浪形，外线锯齿形，双线间的前后端白色，亚端线白色锯齿形，两侧有黑点；后翅白色，翅脉及端线黑色。腹部浅褐色。雄蛾抱器瓣宽，端部窄，抱钩长棘形，阳茎有一长棘形角状器。

幼虫：体长约 22mm。体色变化很大，有绿色、暗绿色至黑褐色。腹部体侧气门下线为明显的黄白色纵带，有的带粉红色，带的末端直达腹部末端，不弯到臀足上去。

卵：圆馒头形，白色，表面有放射状的隆起线。

蛹：体长 10mm 左右，黄褐色。

【生活习性】甜菜夜蛾幼虫体色变化腹部体侧气门下线为明显的黄白色纵带，有时呈粉红色。成虫昼伏夜出，有强趋光性和弱趋化，大龄幼虫有老熟幼虫入土吐丝化蛹。成虫体翅展，前翅近前缘外方有肾形斑 1 个，内方有圆形斑 1 个。后翅卵圆馒头形表面有放射状线。幼虫体长 2~3mm，体色变化很大，有绿色、暗绿色至黑褐色。腹部体侧气门下线为的纵带，有的带粉色，带的末端直达腹部末端，不弯到臀足上去。蛹体米左右态有成虫、卵、幼虫、蛹，以幼虫为害植株。初孵幼虫群集叶背，吐丝结网，喙短而粗而背圆；足较短，胫节无端距。翅部窄而端部或尖或圆，常呈梭形翅缘和脉密生还有鳞片，尺脉纵脉多，至少有伸达翅缘，横脉少而不显仅在翅部短在叶内取食叶肉，留下表皮，成透明的小孔；可将吃成孔洞或缺刻龄幼虫还可。额光滑或有突起。前翅通常有几条横线，中室中部与端部通常分别可见环纹与肾纹，亚中褶近基部常有剑纹。体型一般中等，但不同种类可相差很大，小型的翅展仅左右，大型的翅展可达 130mm。多为植食性害虫能刺穿果皮吸食果汁。成虫夜间活动。白天隐藏于荫蔽处，栖止时，翅多平贴于腹背。夜蛾科许多种类在大量发生时。前翅前缘及翅状纹，肾状纹内侧。成虫白天隐蔽在麻田或附近的丛林、灌木林中，夜间活动。结茧时附肢伸出茧外，成虫在麻株的部叶背面集中产卵。初孵幼虫群集在产卵株的顶部叶背，取食叶肉成筛状小孔。幼虫稍受惊动即吐丝下垂而转移。3 龄中央有青蓝色带 3 条，带纹中有黑色横切线，外缘缘毛短，内缘簇生长缘毛。可吃光，秋耕或冬耕，深翻土壤，部分越冬蛹草上的初龄幼虫孵幼虫群集的片。甚至剥食茎秆皮层。幼虫可成群迁飞，稍受震扰吐丝落地龄，潜于植株下部或土缝，傍晚移出取食为害对菜类威胁甚大。

【防治方法】

（1）农业防治。

①秋末初冬耕翻甜菜地可消灭部分越冬蛹。春季 3—4 月除草，消灭杂草上的初龄幼虫。

②卵块多产在叶背，其上有松软绒毛覆盖，易于发现，且 1~2 龄幼虫集中在产卵叶或其附近叶片上，结合田间操作摘除卵块，捕杀低龄幼虫。

（2）化学防治。

于 3 龄前喷洒 90% 晶体敌百虫 1 000 倍液或 20% 杀灭菊酯乳油 2 000 倍液、5% 抑太保乳油 3 500 倍液；20% 灭幼腮 1 号胶悬

剂 1 000 倍液、44%速凯乳油 1 500 倍液、2.5%保得乳油 2 000
倍液、50%辛硫磷乳油 1 500 倍液。

（3）生物防治。喷用每克含孢子 100 亿以上的杀螟杆菌或
青虫菌粉 500~700 倍液。

4. 尺蠖

尺蠖（chǐ huò），尺蛾的幼虫。

属于节肢动物，昆虫纲，鳞翅目，尺蛾科昆虫幼虫统称。尺
蠖身体细长，行动时一屈一伸像个拱桥，休息时，身体能斜向伸
直如枝状。完全变态。成虫翅大，体细长有短毛，触角丝状或羽
状，称为"尺蛾"。

全世界约有 12 000 种，我国约有 43 种。尺蠖为害果树，茶
树、桑树、棉花和林木等。如茶尺蠖食害叶片，严重时造成光秃
现象使枝条干枯，严重影响林木当年的生长，反复受害的植株会
死亡。严重威胁以红荷木为主的防护林带安全。静止时，常用腹
足和尾足抓住茶枝，使虫体向前斜伸，颇像一个枯枝，受惊时即
吐丝下垂；又如枣尺蠖，不仅食害枣树，酸枣的叶片，并食嫩
芽、花蕾。雌成虫无翅，雄成虫全体灰褐色，前翅有褐色波纹 2
条。我国南北各地最常见的桑尺蠖，常作为"拟态"的典型
代表。

【形态特征】

成虫：体长 18~23mm，翅展约 70mm。雄虫触角短栉齿状，
雌虫丝状。翅白色，被有少许黄褐色鳞毛。前翅内、外横线处各
有 1 条黑色波状纹，翅中间近前缘处有一黑色肾状纹，肩角处有
2 条黑纹，后翅外横线处有 1 条黑色横纹，翅中间有一黑色环状
斑纹，后缘中部有一黑斑。

卵：球形，绿色。卵块上覆有黄褐色茸毛。

幼虫：初孵幼虫黑色，背线灰白色，成长后体长约 45 ~
65mm，灰绿色。头略呈方形，两侧突出呈角状。前胸背面两侧

各有 1 个角状突起。蛹：长 21~25mm，宽 7~9mm，黑褐色。

【生活习性】尺蠖一般一年发生 3 代，个别年份发生 4 代，以蛹在土中或树皮缝隙间越冬。4 月中旬成虫开始出现并产卵。第一代在 4 月下旬至 5 月上、中旬；第二代在 5 月下旬至 6 月上、中旬；第三代在 6 月下旬至 7 月上、中旬；第四代在 7 月下旬至 8 月上、中旬。成虫多于傍晚羽化，羽后当天即可交尾，夜间产卵，卵产于国槐的嫩梢或叶片、叶柄和小枝等处，以树冠南面较多，每处 1~2 粒，少数也可多达成百上千粒。同虫所产之卵 80% 在同一天孵出，孵出时间多在 19：00—21：00，孵出率在 90% 以上，成虫趋光性弱，白天隐伏于树丛中，受惊时作短距离飞行。幼虫期共 5 龄，经 15~25 天老熟，幼虫孵化后即开始取食，1~2 龄时只取食叶肉，留下叶脉。3~4 龄后食成缺刻状。5 龄后食量倍增，取食量占幼虫期的 90% 以上，3 龄前幼虫白天静伏于叶柄或小枝上，很少取食，受到振动后即吐丝下垂。老熟幼虫多在白天吐丝下垂或直接掉在地面，进入松土内化蛹。蛹所在的位置一般在 3~5cm 深度，化蛹场所大多位于树冠垂直投影范围内，以树的东南面较多，一般数十头至数千头集中在一起。

【防治方法】

（1）农业防治。

①利用成虫假死性，在各代成虫期进行人工捕杀。

②结合深耕，耙除虫蛹。

（2）化学防治。

①树干用石灰水涂白，以防止成虫产卵，并有杀卵作用。

②在幼龄幼虫期，每亩喷射 90% 敌百虫、50% 杀螟松或 50% 二溴磷 1 000 倍液；或 80% 敌敌畏 1 500 倍液；或 50% 辛硫磷 1 000~1 500 倍液，或 7.5% 鱼藤精 800 倍液；或 2.5% 溴氰菊酯 6 000~8 000 倍液。

5. 烟粉虱

烟粉虱俗称小白蛾，是近年来中国新发生的一种虫害，为害番茄、黄瓜、辣椒等蔬菜及棉花等众多作物。别看烟粉虱体长不到1mm，但它引起的为害却不容轻视。烟粉虱学名 Bemisia tabaci（Gennadius）是一种世界性的害虫。原发于热带和亚热带区，20世纪80年代以来，随着世界范围内的贸易往来，烟粉虱借助花卉及其他经济作物的苗木迅速扩散，在世界各地广泛传播并暴发成灾，现已成为美国、印度、巴基斯坦、苏丹和以色列等国家农业生产上的重要害虫。

【形态特征】

成虫：烟粉虱雌虫体长 0.91 ± 0.04 mm 翅展 2.13 ± 0.06 mm；雄虫体长 0.85 ± 0.05 mm，翅展 1.81 ± 0.06 mm。虫体淡黄白色到白色，复眼红色，肾形，单眼两个，触角发达7节。翅白色无斑点，被有蜡粉。前翅有2条翅脉，第一条脉不分叉，停息时左右翅合拢呈屋脊状。足3对，跗节2节，爪2个。

卵：椭圆形，有小柄，与叶面垂直，卵柄通过产卵器插入叶内，卵初产时淡黄绿色，孵化前颜色加深，呈琥珀色至深褐色，但不变黑。卵散产，在叶背分布不规则。

幼虫（1～3龄）：椭圆形，1龄体长约 0.27mm，宽 0.14mm，有触角和足，能爬行，有体毛16对，腹末端有1对明显的刚毛，腹部平、背部微隆起，淡绿色至黄色可透见2个黄色点。一旦成功取食合适寄主的汁液，就固定下来取食直到成虫羽化。2～3龄体长分别为 0.36 mm 和 0.50 mm，足和触角退化至仅1节，体缘分泌蜡质，固着为害。

蛹（4龄若虫）：解剖镜观察：蛹是淡绿色或黄色，长 0.6～0.9mm；蛹壳边缘扁烟粉虱薄或自然下陷无周缘蜡丝；胸气门和尾气门外常有蜡缘饰，在胸气门处呈左右对称；蛹背蜡丝有无常随寄主而异。制片镜检：瓶形孔长三角形舌状突长匙状；顶部三角形具一对刚毛；管状肛门孔后端有 5~7 个瘤状突起。

【生活习性】烟粉虱的生活周期有卵、若虫和成虫 3 个虫态，一年发生的世代数因地而异，在热带和亚热带地区每年发生 11~15 代，在温带地区露地每年可发生 4~6 代。田间发生世代重叠极为严重。在 25℃ 下，从卵发育到成虫需要 18~30 天不等，其成虫期取决于取食的植物种类。居棉花上饲养，在平均温度为 21℃ 时，卵期 6~7 天，1 龄若虫 3~4 天，2 龄若虫 2~3 天，3 龄若虫 2~5 天，平均 3.3 天，4 龄若虫 7~8 天，平均 8.5 天。这一阶段有效积温为 30℃。成虫寿命 18~30 天。

有人报道烟粉虱的最佳发育温度为 26~28℃。烟粉虱成虫羽化后嗜好在中上部成熟叶片上产卵，而在原为害叶上产卵很少。卵不规则散产，多产在背面。每头雌虫可产卵 30~300 粒，在适合的植物上平均产卵 200 粒以上。产卵能力与温度、寄主植物、地理种群密切相关。

在棉花上每头雌虫产卵 48~394 粒。在 28.5℃ 以下，产卵数随温度下降而下降。在美国亚利桑那州，棉花品系的烟粉虱在恒温和光照条件下，低于 14.9℃ 时不产卵。烟粉虱的死亡率、形态与植物成熟度有关。有报道称在成熟莴苣上的烟粉虱一龄若虫死亡率为 100%，而在嫩叶期莴苣上其死亡率 58.3%。在有茸毛的植物上，多数蛹壳生有背部刚毛；而在光滑的植物上，多数蛹壳没有背部刚毛；此外，还有体型大小和边缘规则与否等的变化。

烟粉虱对不同的植物表现出不同的为害症状，叶菜类如甘蓝、花椰菜受害叶片萎缩、黄化、枯萎；根菜类如萝卜受害表现为颜色白化、无味、重量减轻；果菜类如番茄受害，果实不均匀成熟。烟粉虱有多种生物型。据在棉花、大豆等作物上的调查，烟粉虱在寄主植株上的分布有逐渐由中、下部向上部转移的趋势，成虫主要集中在下部，从下到上，卵及 1~2 龄若虫的数量逐渐增多，3~4 龄若虫及蛹壳的数量逐渐减少。

烟粉虱的天敌资源十分丰富。据不完全统计，在世界范围内，寄生性天敌有 45 种，捕食性天敌 62 种，病原真菌 7 种。在我国寄生性天敌有 19 种，捕食性天敌 18 种，虫生真菌 4 种。它们对烟粉虱种群的增长起着明显的控制作用。

【防治方法】

（1）农业防治。温室或棚室内，在栽培作物前要彻底杀虫，严密把关，选用无虫苗，防止将粉虱带入保护地内。结合农事操作，随时去除植株下部衰老叶片，并带出保护地外销毁。种植粉虱不喜食的蔬菜，如芹菜、蒜黄等较耐低温的蔬菜。在露地，换茬时要做好清洁田园工作，在保护地周围地块应避免种植烟粉虱喜食的作物。

（2）物理防治。粉虱对黄色，特别是橙黄色有强烈的趋性，可在温室内设置黄板诱杀成虫。方法是用纤维板或硬纸版用油漆涂成橙黄色，再涂上一层黏性油（可用 10 号机油），每亩设置 30~40 块，置于植株同等高度。7~10 天，黄色板黏满虫或色板黏性降低时再重新涂油。

（3）生物防治。丽蚜小蜂 Encarsia formosa 是烟粉虱的有效天敌，许多国家通过释放该蜂，并配合使用高效、低毒、对天敌较安全的杀虫剂，有效地控制烟粉虱的大发生。在我国推荐使用方法如下：在保护地番茄或黄瓜上，作物定植后，即挂诱虫黄板监测，发现烟粉虱成虫后，每天调查植株叶片，当平均每株有粉虱成虫 0.5 头左右时，即可第一次放蜂，每隔 7~10 天放蜂 1 次，连续放 3~5 次，放蜂量以蜂虫比为 3∶1 为宜。放蜂的保护地要求白天温度能达到 23℃，夜间温度不低于 15℃，具有充足的光照。可以在蜂处于蛹期时（也称黑蛹）时释放，也可以在蜂羽化后直接释放成虫。如放黑蛹，只要将蜂卡剪成小块置于植株上即可。此外，释放中华草蛉、微小花蝽、东亚小花蝽等捕食性天敌对烟粉虱也有一定的控制作用。在美国、荷兰利用玫烟色拟青霉 Paecilomyces fumosoroseus 制剂防治烟粉虱，美国环保局在推广使用白僵菌 Beauveria bassiana 的 GHA 菌株防治烟粉虱。

（4）化学防治。作物定植后，应定期检查，当虫口较高时（有的地方，黄瓜上部叶片每叶 50~60 头成虫，番茄上部叶片每叶 5~10 头成虫作为防治指标），要及时进行药剂防治。每公顷可用 99% 敌死虫乳油（矿物油）1~2kg，植物源杀虫剂 6% 绿浪、40% 绿菜宝、10% 扑虱灵乳油、25% 灭螨猛乳油、50% 辛硫磷乳油 750mL，25% 扑虱灵可湿性粉剂 500g，10% 吡虫啉可湿性粉剂 375g，20% 灭扫利乳油 375mL，1.8% 阿维菌素乳油、2.5% 天王星乳油、2.5% 功夫乳油 250mL，25% 阿克泰水分散粒剂 180g，加水 750L 喷雾。

6. 豆蚜

豆蚜是豆科作物的重要害虫。豆蚜在长江流域年发生 20 代以上，冬季以成、若蚜在蚕豆、冬豌豆或紫云英等豆蚜豆科植物心叶或叶背处越冬。常年，当月平均温度 8~10℃时，豆蚜在冬寄主上开始正常繁殖。4 月下旬至 5 月上旬，成、若蚜群集于留种紫云英和蚕豆嫩梢、花序、叶柄、荚果等处繁殖为害；5 月中、下旬以后，随着植株的衰老，产生有翅蚜迁向夏、秋刀豆、豇豆、扁豆、花生等豆科植物上寄生繁殖；10 月下旬至 11 月间，随着气温下降和寄主植物的衰老，又产生有翅蚜迁向紫云英、蚕豆等冬寄主上繁殖并在其上越冬。

豆蚜对黄色有较强的趋性，对银灰色有忌避习性，且具较强的迁飞和扩散能力，在适宜的环境条件下，每头雌蚜寿命可长达 10 天以上，平均胎生若蚜 100 多头。全年有 2 个发生高峰期，春季 5—6 月、秋季 10—11 月。

适宜豆蚜生长、发育、繁殖温度范围为 8~35℃；最适环境温度为 22~26℃，相对湿度 60%~70%。在 12~18℃下若虫历期

10~14 天；在 22~26℃下，若虫历期仅 4~6 天。

豆蚜为害寄主常群集于嫩茎、幼芽、顶端嫩叶、心叶、花器及荚果处吸取汁液。受害严重时，植株生长不良，叶片卷缩，影响开花结实。又因该虫大量排泄"蜜露"，而引起煤污病，使叶片表面铺满一层黑色真菌，影响光合作用，结荚减少，千粒重下降。

【形态特征】

无翅胎生雌蚜：体长 1.8~2.4mm，体肥胖黑色、浓紫色、少数墨绿色，具光泽，体披均匀蜡粉。中额瘤和额瘤稍隆。触角 6 节，比体短，第一、第二节和第五节末端及第六节黑色，余黄白色。腹部第一至第六节背面有一大型灰色隆板，腹管黑色，长圆形，有瓦纹。尾片黑色，圆锥形，具微刺组成的瓦纹，两侧各具长毛 3 根。

有翅胎生雌蚜：体长 1.5~1.8mm，体黑绿色或黑褐色，具光泽。触角 6 节，第一、第二节黑褐色，第三至第六节黄白色，节间褐色，第三节有感觉圈 4~7 个，排列成行。其他特征与无翅孤雌蚜相似。若蚜，分 4 龄，呈灰紫色至黑褐色。

【生活习性】豆蚜分布全国。在广东省年发生 20 代，无越冬现象，冬季在紫云英、豌豆上取食。每年以 5—6 月和 10—11 月发生较多，在适宜的气候条件下（24~26℃，相对湿度 60%~70%），豆蚜繁殖力强，4~6 天可完成 1 代，每头无翅胎生雌蚜可产若蚜 100 多头，因此，极易造成严重为害。

【防治方法】

（1）物理防治。黄板诱蚜，杀灭迁飞的有翅蚜，加强田间检查、虫情预测预报。

（2）化学防治。在田间蚜虫点片发生阶段要重视早期防治，用药间隔期 7~10 天，连续用药 2~3 次。可选用的药剂有 20%康福多浓可溶剂 4 000~5 000 倍液（每亩用药量 20~25g），12.5%

吡虫啉水可溶性浓液剂 3 000 倍液（每亩用药量 30～35g）喷雾防治，以上药剂用药间隔期 15～25 天；10%高效氯氰菊酯乳油 2 000 倍液（每亩用药量 50g），20%莫比朗乳油 5 000 倍液（每亩用药量 20g），2.5%功夫菊酯乳油 2 500 倍液（每亩用药量 40g），0.36%苦参碱水剂 500 倍液（每亩用药量 200g），50%抗蚜威可湿性粉剂 2 000 倍液（每亩用药量 50g），40%乐果乳剂 1 000 倍液（每亩用药量 100g）等，喷雾防治。

　　7. 大豆根潜蝇

　　大豆根潜蝇在国内分布于东北三省、内蒙古、河北、山东及山西等省区，其中，以黑龙江、吉林、内蒙古最为突出。主要在大豆苗期进行为害，食性单一，只为害大豆、菜用大豆、野生大豆，幼虫在大豆苗根部皮层和木质部钻蛀为害，并排出粪便，造成根皮层腐烂，形成条状伤痕。受害根变粗、变褐、皮层开裂或畸形增生，幼虫的粪便和取食刺激韧皮组织木栓化，形成肿瘤，导致大豆根系受损伤而不能正常生长和吸收土壤中的各种营养成分。成虫刺破和食大豆幼苗的子叶和真叶，取食处形成小白点以至透明的小孔或呈枯斑状。

　　【形态特征】大豆根潜蝇成虫体长约 3mm，亮黑色；翅为浅紫色，有金属光泽，翅展 1.5mm；复眼红色；触角鞭节扁而短，末端钝圆；足，黑褐色。卵，橄榄形，长约 0.4mm，初产乳白色，后变褐色。幼虫体长约 3.7mm。圆筒形，乳白色，半透明；头缩入前腔，口钩为黑色，呈直角弯曲，其尖端稍向内弯，前气门 1 对，靴形，有 24～30 个气门孔，排成 2 行；后气门 1 对，较大，从尾端伸出与尾轴垂直，互相平行，表面有 28～41 个气门孔。蛹长约 2.2mm，长椭圆形，黑色；前后气门明显突出，靴形，尾端有 2 个针状须（后气门）。

　　【防治方法】

　　化学防治。用药剂拌种预防幼虫，40%乐果乳油按种子量的

0.7%拌种，对水喷雾，边喷边拌。如拌大豆种子 100kg，用 0.7kg 药，对水 4kg，用喷雾器喷雾，边喷边拌，摊开晾开。

8. 大豆红蜘蛛

大豆红蜘蛛为朱砂叶螨，属蛛形纲蜱螨目叶螨科。2007 年受高温干旱影响，大豆红蜘蛛在黑龙江省大发生面积达 1.2 亿亩，造成大豆严重减产。据调查，近几年，大豆红蜘蛛的为害已上升为主要地位，一般使大豆减产 20%～30%，严重地块减产 70%～90%。

【形态特征】成虫体长 0.3～0.5mm，红褐色，有 4 对足。雌螨体长 0.5mm，卵圆形或梨形，前端稍宽隆起，尾部稍尖，体背刚毛细长，体背两侧各有 1 块黑色长斑；越冬雌虫朱红色有光泽。雄虫体长 0.3mm，紫红至浅黄色，纺锤形或梨形。卵直径 0.13mm，圆球形，初产时无色透明，逐渐变为黄带红色。幼螨足 3 对，体圆形，黄白色，取食后卵圆形浅绿色，体背两侧出现深绿长斑。若螨足 4 对，淡绿至浅橙黄色，体背出现刚毛。

【生活习性】大豆红蜘蛛以受精的雌成虫在土缝、杂草根部、大豆植株残体上越冬。翌年 4 月中下旬开始活动，先在小蓟、小旋花、蒲公英、车前等杂草上繁殖为害，6—7 月转到大豆上为害，7 月中下旬到 8 月初随着气温增高繁殖加快，迅速蔓延；8 月中旬后逐渐减少，到 9 月随着气温下降，开始转移到越冬场所，10 月开始越冬。

大豆红蜘蛛在黑龙江省 1 年发生 8～12 代。发育的起点温度为 10.5℃，上限温度为 42℃，完成一代的有效积温 163.25℃。自卵到成虫发育所需时间，在相对湿度 35%～55%、平均温度 22～28℃时发育历期最短，只需 10～13 天。因此，持续干旱时间长达 14 天以上时繁殖速度最快，为害最重。在相对湿度超过 70%以上时不利于红蜘蛛的发生，低温、多雨、大风天气对红蜘蛛的繁殖不利。

【防治方法】

（1）农业防治。农业防治的关键在于，一要保证苗齐苗壮，施足底肥，并要增施磷钾肥，增强大豆自身的抗红蜘蛛为害能力；二要加强田间管理，及时清除田间杂草可有效减轻大豆红蜘蛛的为害；三要合理灌水，在干旱情况下，要及时进行灌水。

（2）生物防治。可通过选用生物制剂（1.8%虫螨克）和减少施药次数等措施，以保护并利用朱砂叶螨的天敌（如长毛钝绥螨、拟长刺钝绥螨、草蛉等），发挥它们对朱砂叶螨自然控制作用。

（3）化学防治。根据朱砂叶螨的发生特点，应在发生初期，即大豆植株有叶片出现黄白斑为害状时就开始喷药防治。常用的药剂有1.8%阿维菌素、50%溴螨酯乳油、15%哒螨灵乳油、73%克螨特乳油等。

9. 蛴螬

蛴螬是金龟甲的幼虫，别名白土蚕、核桃虫。成虫通称为金龟甲或金龟子。为害多种植物和蔬菜。按其食性可分为植食性、粪食性、腐食性3类。其中，植食性蛴螬食性广泛，为害多种农作物、经济作物和花卉苗木，喜食刚播种的种子、根、块茎以及幼苗，是世界性的地下害虫，为害很大。此外，某些种类的蛴螬可入药，对人类有益。

【形态特征】蛴螬体肥大，体型弯曲呈C形，多为白色，少数为黄白色。头部褐色，上颚显著，腹部肿胀。体壁较柔软多皱，体表疏生细毛。头大而圆，多为黄褐色，生有左右对称的刚毛，刚毛数量的多少常为分种的特征。如华北大黑鳃金龟的幼虫为3对，黄褐丽金龟幼虫为5对。蛴螬具胸足3对，一般后足较长。腹部10节，第十节称为臀节，臀节上生有刺毛，其数目的多少和排列方式也是分种的重要特征。

【生活习性】蛴螬1~2年1代，幼虫和成虫在土中越冬，成

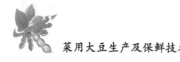

虫即金龟子，白天藏在土中，20:00~21:00 进行取食等活动。蛴螬有假死和负趋光性，并对未腐熟的粪肥有趋性。幼虫蛴螬始终在地下活动，与土壤温湿度关系密切。当 10cm 土温达 5℃时开始上升土表，13~18℃时活动最盛，23℃以上则往深土中移动，至秋季土温下降到其活动适宜范围时，再移向土壤上层。

【防治方法】

化学防治。

①用 3% 呋喃丹颗粒剂 25~30kg/hm² 结合播种施肥施于播种沟内。

②用总含量不低于 30%~35%，且克百威含量不低于药剂总含量 10% 的种衣剂，进行种子包衣。

10. 大豆食心虫

大豆食心虫属昆虫纲鳞翅目（Lepidoptera）小卷蛾科（Ole-threu-tidae）。俗称大豆蛀荚虫、小红虫。大豆害虫。在中国主要分布于东北、华北、西北和湖北、江苏、浙江、安徽、山东等省，以东北 3 省、河北省、山东省受害较重。日本、朝鲜及俄罗斯远东沿海边区也有分布。以幼虫蛀食豆荚，幼虫蛀入前均作一白丝网罩住幼虫，一般从豆荚合缝处蛀入，被害豆粒咬成沟道或残破状。

【形态特征】

成虫：体长 5~6mm，翅展 12~14mm，黄褐至暗褐色。前翅前缘有 10 条左右黑紫色短斜纹，外缘内侧中央银灰色，有 3 个纵列紫斑点。雄蛾前翅色较淡，有翅缰 1 根，腹部末端较钝。雌蛾前翅色较深，翅缰 3 根，腹部末端较尖。

卵：扁椭圆形，长约 0.5mm，橘黄色。

幼虫：体长 8~10mm，初孵时乳黄色，老熟时变为橙红色。

蛹：长约 6mm，红褐色。腹末有 8~10 根锯齿状尾刺。

【生活习性】大豆食心虫一年仅发生 1 代，以老熟幼虫在豆田、晒场及附近土内做茧越冬。成虫出土后由越冬场所逐渐飞往豆田，成虫飞翔力不强。上午多潜伏在豆叶背面或荚秆上，受惊时才作短促飞翔。早期出现的成虫以雄虫为多，后期则多为雌虫，盛期性比大致为1：1。成虫有趋光性，黑光灯下可大量诱到成虫。成虫产卵时间多在黄昏。成虫产卵对豆荚部位、大小、品种特性等有明显的选择性。绝大多数的卵产在豆荚上，少数卵产于叶柄、侧枝及主茎上。以3~5cm的豆荚上产卵最多，2cm以下的很少产卵；幼嫩绿荚上产卵较多，老黄荚上较少。一般豆荚上产卵1~3粒不等。

初孵幼虫行动敏捷，在豆荚上爬行时间一般不超过8小时，个别可达24小时以上。入荚的幼虫可咬食约2个豆粒，并在荚内为害直达末龄，正值大豆成熟时，幼虫逐渐脱荚入土做茧越冬。

大豆食心虫喜中温高湿，高温干燥和低温多雨，均不利于成虫产卵。冬季低温会造成大量死亡。土壤的相对湿度为10%~30%时，有利于化蛹和羽化，低于10%时有不良影响，低于5%则不能羽化。

大豆食心虫喜欢在多毛的品种上产卵，结荚时间长的品种受害重，大豆荚皮的木质化隔离层厚的品种对大豆食心虫幼虫钻蛀不利。

【防治方法】

（1）农业防治。选用抗虫耐虫高产品种。秋天翻耙豆茬地，破坏大豆食心虫的越冬场所，提高越冬幼虫死亡率；豆后麦茬地，小麦收割后正值幼虫上移和化蛹，随即翻耙麦茬可大量杀死越冬幼虫和蛹；豆茬地种植其他中耕作物，在食心虫化蛹和羽化之前再铲除1次，使成虫不能出土，从而减轻虫害。远距离轮作，当年大豆地距上年豆茬地1 000m以上，可减少豆田虫害。

（2）化学防治。如用敌敌畏熏蒸防治成虫，可在成虫初盛期开始进行（成虫盛期至田间蛾量突增，集团飞翔的蛾团数增多，开始见到交配）；如用敌杀死、来福灵等药液防治成虫和幼虫，可在幼虫高峰期后5~7天进行（成虫高峰期至成虫盛期开始2~3天即达成虫高峰期）。

①敌敌畏熏蒸：将高粱秸或玉米秸截成两节一根，将其中一节去皮沾药，节切留皮插土。每公顷用80%敌敌畏乳油1.5~2.0L，每6垄1行，5m远插1根；也可用约35cm长木棍，一端捆上棉球，沾敌敌畏防治；或用玉米穗轴吸收药液，卡在豆株枝杈上。

②超低容量喷雾：用2.5%敌杀死乳油，每公顷450~600mL，或20%速灭杀丁乳油每公顷用量300~450mL，加水稀释1~2倍。

③常规喷雾：用2.5%敌死乳油每公顷300mL，或5%来福灵乳油每公顷300mL，对水喷雾，或用50%杀螟松乳油每公顷400~500mL，加水稀释1 000倍喷雾。

④喷粉：用2%倍硫磷粉剂，或2%杀螟松，或1.5%甲基对硫磷粉剂喷粉，每公顷用30kg。

11. 大豆豆荚螟

豆荚螟为世界性分布的豆类害虫，我国各地均有该虫分布，以华东、华中、华南等地区受害最重。豆荚螟为寡食性，寄主为豆科植物，是南方豆类的主要害虫。以幼虫在豆荚内蛀食豆粒，被害籽粒重则蛀空，仅剩种子柄；轻则蛀成缺刻，几乎不能作种子；被害籽粒还充满虫粪，变褐以致霉烂。一般豆荚螟从荚中部蛀入。

【形态特征】

成虫：体长10~12mm，翅展20~24mm，体灰褐色或暗黄褐色。前翅狭长，沿前缘有一条白色纵带，近翅基1/3处有一条金黄色宽横带。后翅黄白色，沿外缘褐色。

卵：椭圆形，长约 0.5mm，表面密布不明显的网纹，初产时乳白色，渐变红色，孵化前呈浅菊黄色。

幼虫：共 5 龄，老熟幼虫体长 14～18mm，初孵幼虫为淡黄色。以后为灰绿直至紫红色。4～5 龄幼虫前胸背板近前缘中央有"人"字形黑斑，两侧各有 1 个黑斑，后缘中央有 2 个小黑斑。

蛹：体长 9～10mm，黄褐色，臀刺 6 根，蛹外包有白色丝质的椭圆形茧。

【生活习性】成虫昼伏夜出，白天多躲在豆株叶背、茎上或杂草上，傍晚开始活动，趋光性不强。成虫羽化后当日即能交尾，隔天就可产卵。每荚一般只产 1 粒卵，少数 2 粒以上。其产卵部位大多在荚上的细毛间和萼片下面，少数可产豆荚螟在叶柄等处。在大豆上尤其喜产在有毛的豆荚上；在绿肥和豌豆上产卵时，多产花苞和残留的雄蕊内部而不产在荚面。

初孵幼虫先在荚面爬行 1～3 小时，再在荚面吐丝结一白色薄茧（丝囊）躲藏其中，经 6～8 小时咬穿荚面蛀入荚内。幼虫进入荚内后，即蛀入豆粒内为害，3 龄后才转移到豆粒间取食，4～5 龄后食量增加，每天可取食 1/3～1/2 粒豆，1 头幼虫平均可吃豆 3～5 粒。在一荚内食料不足或环境不适，可以转荚为害，每一幼虫可转荚为害 1～3 次。豆荚螟为害先在植株上部，渐至下部，一般以上部幼虫分布最多。幼虫在豆荚籽粒开始臌大到荚壳变黄绿色前侵入时，存活显著减少。幼虫除为害豆荚外，还能蛀入豆茎内为害。老熟的幼虫，咬破荚壳，入土做茧化蛹，茧外粘有土粒，称土茧。

豇荚螟喜干燥，在适温条件下，湿度对其发生的轻重有很大影响，雨量多湿度大则虫口少，雨量少湿度低则口大；地势高的豆田，土壤湿度低的地块比地势低、湿度大的地块为害重。结荚期长的品种较结荚期短的品种受害重，荚毛多的品种较荚毛少的品种受害重，豆科植物连作田受害重。豆荚螟的天敌有豆荚螟甲腹茧蜂、小茧蜂、豆荚螟白点姬蜂、赤眼蜂等以及一些寄生性微生物。

【防治方法】

（1）农业防治。可与非豆科作物轮作，有条件的地区进行水旱轮作，选用豆荚无毛的抗虫丰产大豆品种，可减轻为害。在水源方便的地方，在冬季或早春给予豆茬地灌水数次，消灭越冬虫源。因幼虫在土中结茧越冬，秋收后深翻地，将幼虫裸露地表冻死或被天敌消灭。

（2）化学防治。根据虫情调查，于每代成虫盛发期或卵孵化盛期喷药。药剂可用2%杀螟松、2%倍硫磷粉剂或1.5%甲基对硫磷粉剂喷粉，每公顷30kg。

①超低容量喷雾：用2.5%敌杀死乳油每公顷450mL，或20%速灭杀丁乳油每公顷300~450mL，对水1~2倍喷雾。

②常规喷雾：可用2.5%敌杀死乳油每公顷300mL，或5%来福灵乳油每公顷300mL对水喷雾。或用50%杀螟松乳油每公顷400~500mL，稀释1 000倍液喷雾。

③大豆运到晒场脱粒时，在晒场周围撒施2.5%敌百虫粉，防治荚内老熟幼虫逃出晒场入土越冬，使幼虫接触药剂死亡。

12. 大豆豆野螟

豆野螟，学名：Maruca testulalis Geyer，属鳞翅目螟蛾科豆荚野螟属的一种昆虫。主要为害豇豆、菜豆、扁豆、四季豆、豌豆、蚕豆、菜用大豆等蔬菜。虫态有成虫、卵、幼虫、蛹。以幼虫为害豆叶、花及豆荚，常卷叶为害或蛀入荚内取食幼嫩的种粒，荚内及蛀孔外堆积粪粒。受害豆荚味苦，不堪食用。

【形态特征】

成虫：是一种蛾子，体长10~13mm，翅展20~26mm，体色黄褐，腹面灰白色。复眼黑色。触角丝状黄褐色。前翅茶褐色，中室的端部有一块白色半透明的近长方形斑，中室中间近前缘处有一个肾形白斑，稍后有一个圆形小白斑点，白斑均有紫色的折闪光。后翅白色、半透明，近外 1/3 缘茶色，透明部分有 3 条淡褐色纵线，前缘近基部有小褐斑 2 块。停息时，四翅平展，前翅后缘呈直线排列。雌虫腹部肥大，末端圆形。雄虫体尖细，腹部末端有灰黑色的毛丛。

卵：椭圆形，0.7mm×0.4mm 左右，黄绿色，表面有近六角形的网纹。

幼虫：成长幼虫体长 14~18mm 左右，头黄褐色，体淡黄绿色，前胸背板黑褐色，中后胸背板上每节的前排有 4 个毛瘤，后排有褐斑 2 个，无刚毛。腹部背板上毛片同胸部，但各毛片上均有 1 根刚毛。腹足趾钩双序缺环。

蛹：长约 12mm 左右。淡褐色，翅芽明显，伸至第四腹节，触角、中足均伸至第十腹节。中胸气门前方有刚毛 1 根。臀棘褐色，上生钩刺 8 枚，末端向内侧弯曲。

茧：分内外两层，外茧长 20~30mm，外附泥土枯枝叶等杂物，内茧长 18 毫米，丝质稠密。

【生活习性】据观察，大豆豆野螟一年发生 4~5 代。以蛹在土壤中越冬，越冬代成虫出现于 6 月中、下旬，基本是 1 个月 1 代，第一、第二、第三代分别在 7 月、8 月和 9 月上旬出现，第四代在 9 月上旬至 10 月上旬出现成虫，10 月下旬以蛹越冬。

为害习性成虫产卵于花蕾、叶柄及嫩荚上、单粒散产，卵期 2~3 天，初孵幼虫蛀入花蕾和嫩荚，被害蕾易脱落，被害荚的豆粒被虫咬伤，蛀孔口常有绿色粪便，虫蛀荚常团雨水灌入而腐烂。幼虫为害叶片时，常吐丝把两叶粘在一起，躲在其中咬食叶肉、残留叶脉，叶柄或嫩茎被害时，常在一侧被咬伤而萎蔫至调萎。

成虫趋光性强，白天常躲在荫蔽处。另外，老熟幼虫常在荫蔽处的叶背、土表等处作茧化蛹。

【防治方法】

（1）农业防治。在未摸清豆野螟生物学特性和发生规律前，农业防治没有针对性。综合目前已知的研究成果。

①及时摘除不能结荚的被蛀花和被蛀幼荚，清除落花落叶。

②采用地膜栽培，有意在膜上保留些落叶供豆野螟化蛹，然后及时集中烧毁。

③若是非地膜覆盖栽培地，应勤翻土壤，暴露并间接或直接消灭浅土层中的蛹

④用频振式诱虫灯、高压汞灯电死趋光的成虫，或者在黑光灯下网捕成虫。

⑤大棚栽培豆类作物，或者用 18 目白色防虫网覆盖，杜绝豆野螟成虫进入为害。

⑥发展多种经济作物，与非豆科作物轮作。调整播种期也有一定的效果，但是要因地制宜。此外，因豆野螟喜高温高湿环境和喜表面少毛的豆科作物等习性，可根据不同环境条件和所为害的不同寄主，采取不尽相同的防治对策。

（2）化学防治。治化学杀虫剂一直是防治豆野螟的主要途径。杀虫剂主要是有机磷中的敌敌畏、敌百虫、马拉硫磷、乐果等。药剂防治的施药时间，大多数文献指明在上午花闭合前打药。因豆野螟成虫和幼虫夜间活动为主的习性已被证实和公认，如能在月光明、风力小、无降水的夜间喷药，防治效果肯定会很好。

（3）生物防治。在生物防治中，采用微生物农药防治是一个方向，如用青虫菌和 BT 乳剂防治豆野螟就是较好的选择。

13. 大豆卷叶螟

属鳞翅目，螟蛾科。主要为害菜用大豆等豆科作物，是豆类作物的主要害虫之一。分布于浙江、江苏、江西、福建、台湾、

广东、湖北、四川、河南、河北、内蒙古等省区。为菜用大豆的重要害虫。幼虫将叶片卷成筒状，尤以菜用大豆开花结荚盛期为害严重。

【形态特征】

成虫：体长10mm，翅展18~21mm，体色黄褐，胸部两侧附有黑纹，前翅黄褐色，外缘黑色，翅面生有黑色鳞片，翅中有3条黑色波状横纹，内横线外侧有黑点，后翅外缘黑色，有2条黑色横波状横纹。

卵：椭圆形，淡绿色。

幼虫：共5龄，老熟幼虫体长15~17mm，头部及前胸背板淡黄色，口器褐色，胸部淡绿色，气门环黄色，亚背线、气门上下线及基线有小黑纹，体表被生细毛。

蛹：长约12mm，褐色。

【生活习性】据陕西省观察，一年发生4~5代。以蛹在土壤中越冬，越冬代成虫出现于6月中、下旬，基本是1个月1代，第一、第二、第三代分别在7月、8月和9月上旬出现，第四代在9月上旬至10月上旬出现成虫，10月下旬以蛹越冬。

成虫产卵于花蕾、叶柄及嫩荚上、单粒散产，卵期2~3天，初孵幼虫蛀入花蕾和嫩荚，被害蕾易脱落，被害荚的豆粒被虫咬伤，蛀孔口常有绿色粪便，虫蛀荚常团雨水灌入而腐烂。幼虫为害叶片时，常吐丝把两叶黏在一起，躲在其中咬食叶肉、残留叶脉，叶柄或嫩茎被害时，常在一侧被咬伤而萎蔫至凋萎。

成虫趋光性强，白天常躲在荫蔽处。另外，老熟幼虫常在荫蔽处的叶背、土表等处作茧化蛹。

【防治方法】

（1）农业防治。在幼虫发生期，及时清除田间落花、落荚，摘除被害的卷叶和豆荚，集中烧毁。作物收获后，清除田间及四周枯叶、杂草，集中烧毁，深翻地灭茬，减少越冬虫源数量。加强田间管理，雨季及时开沟排水，降低田间湿度，以减少大豆卷叶螟发生。

（2）物理防治。在6月下旬至7月上旬越冬待成虫盛发期，用黑光灯诱杀成虫。

（3）化学防治。在各代卵孵化盛期后（一般在8月上旬），查见田间有1%~2%的植株有卷叶为害开始防治，每隔7~10天防治一次，连续防治2次。药剂可选用25%西维因可湿性粉剂300倍液，或1%阿维菌素乳油1 000倍液，或48%乐斯本乳油1 000倍液，或52.5%农地乐乳油1 000倍液，或20%杀灭菊酯1 500倍液，或10%高效氯氰菊酯乳油2 500倍液，2.5%功夫菊酯乳油3 000倍液等喷雾防治。

14. 大豆孢囊线虫

大豆孢囊线虫病是大豆上的主要病害之一。世界各大产区均有发生。中国是这个病害的原发生地。在东北和黄淮海大豆主要产区，如辽宁，吉林，黑龙江，山西，河南，山东，安徽，等省普遍发生，为害严重。大豆孢囊线虫由于致病力不同，而分为不同的生理小种。目前我国鉴定出的小种有1号、2号、3号、4号、5号和7号。1号小种主要分布在辽宁省、吉林省、山东省潍坊及胶东半岛、江苏等省大豆生产地县；2号小种主要分布在山东省的聊城、德州等地区；3号小种主要分布在黑龙江、吉林、辽宁等省大豆主产地区。4号小种主要分布在山西、河南、江苏、山东、安徽、河北及北京等省市大豆主产地区；5号小种分布在吉林、安徽、内蒙古等省区；7号小种分布在山东、河南等省大豆产区。

【形态特征】大豆孢囊线虫病的病原称大豆孢囊线虫，属线虫动物门线虫。雌雄成虫异形又异皮。成虫，体长10~14mm，翅展25~34mm。头胸及前翅灰褐色，前翅基线仅前端可见双黑纹，内、外线均双线黑色，内线波浪形，剑纹为一黑条。环、肾纹粉黄色，中线黑色波浪形，外线锯齿形，双线间的前后端白色，亚端线白色锯齿形，两侧有黑点；后翅白色，翅脉及端线黑色。腹部浅褐色。卵，圆馒头形表面有放射状线。幼虫体长约。体色变化很大，有绿色、暗绿色至黑褐色。腹部体侧气门下线为的纵带，有的带粉色，带的末端直达腹部末端，不弯到臀足上去。蛹，体长 10mm 左右，黄褐色。形态有成虫、卵、幼虫、蛹，以幼虫为害植株。初孵幼虫群集叶背，吐丝结网，喙短而粗而背圆；足较短，胫节无端距。翅部窄而端部或尖或圆，常呈梭形翅缘和脉密生还有鳞片，尺脉纵脉多，至少有伸达翅缘，横脉少而不显仅在翅部短在叶内取食叶肉，留下表皮，成透明的小孔；可将吃成孔洞或缺刻龄幼虫还可。额光滑或有突起。前翅通常有几条横线，中室中部与端部通常分别可见环纹与肾纹，亚中褶近基部常有剑纹。体型一般中等，但不同种类可相差很大，小型的翅展仅左右，大型的翅展可达 130mm。多为植食性害虫能刺穿果皮吸食果汁。成虫夜间活动。白天隐藏于荫蔽处，栖止时翅多平贴。

【生活习性】大豆孢囊线虫以卵、胚胎卵和少数幼虫在孢囊内土壤中越冬，或者以含线虫的土混杂于种子内或附在种子上越冬，成为第二年发病侵染来源。越冬线虫在大豆开花前后侵入大豆根内，7 月间形成第二代进行再传染。

虫卵越冬后，以 2 龄幼虫破壳进入土中，遇大豆幼苗根系侵入，寄生于根的皮层中，以口针吸食，虫体露于其外。雌雄交配后，雄虫死亡。雌虫体内形成卵粒，膨大变为孢囊。孢囊落入土中，卵孵化可再侵染，2 龄线虫只能侵害幼根。秋季温度下降，卵不再孵化，以卵在孢囊内越冬。成虫产卵适温 23~28℃，最适湿度 60%~80%。卵孵化温度 16~36℃，以 24℃ 孵化率最高。幼虫发育适温 17~28℃，幼虫侵入温度 14~36℃，以 18~25℃ 最适，低于 10℃ 停止活动。

【防治方法】

（1）农业防治。

①种子检验：大豆种子上黏附有线虫如泥花脸豆、种子间混杂有线虫土粒、农机具上残留有含线虫的泥土以及种子调运是造成远距离传播的主要途径。所以，要搞好种子的检验，杜绝带线虫的种子进入无病区。

②选用抗病品种：抗病育种工作今后应选择多种抗性基因品种的轮换种植，以及抗病与耐病品种、普通品种的轮换种植，可有效避免强毒力生理小种的出现。

③进行合理的轮作制度：避免连作、重茬，与高粱、玉米等禾谷类作物实行 3~5 年轮作，使病田种玉米或水稻后，孢囊量下降 30%以上，此方法是行之有效的农业防治措施。

④适时灌水：土壤干旱有利大豆孢囊线虫的为害，因而适时灌水，增加土壤湿度，可减轻为害。

⑤行测土配方施肥：土壤有机质在 3%以内不能种大豆，土壤有机质在 3%以上地块提倡测土配方施肥，调节好 N、K、P 比例，改善土壤环境，增加大豆所需养分、肥料，特别是提倡增施优质农肥 2~3t，促进根系发达，增强抗逆能力。

（2）化学防治。采用壮根宝水剂拌种，菌肥用量为种子量的 1.5%~2.0%进行拌种，然后堆闷、阴干后即可播种。首先二铵、尿素、硫酸钾按当地常规施用量施用，效果明显；其次甲基异柳磷水溶性颗粒剂，每亩施 300~400g 有效成分，于播种时撒在沟内，湿土效果好于干土，中性土比碱性土效果好，要求用器械施用不可用手施，更不准溶于水后手沾药施；此外也可用 3%克线磷 5kg 拌土后穴施，效果明显；虫量较大地块用 3%呋喃丹（克百威）颗粒剂每亩施 2~4kg，颗粒剂与种子分层施用即可。

（3）生物防治。生物防治是利用大豆胞囊线虫的天敌来控制虫口数量和限制线虫引起的损失。其中，包括昆虫防线虫、细菌防线虫和真菌防线虫。

附图：图 6-32 至图 6-45

图 6-32　小地老虎

图 6-33　斜纹夜蛾

图 6-34　甜菜夜蛾

图 6-35　尺蠖

图 6-36　烟粉虱

图 6-37　豆蚜

图 6-38　大豆根潜蝇

图 6-39　大豆红蜘蛛

图 6-40　蛴螬

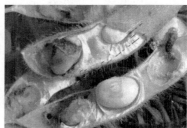

图 6-41　大豆食心虫

图 6-42　大豆豆荚螟

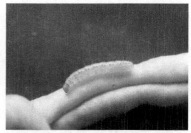

图 6-43　大豆豆野螟

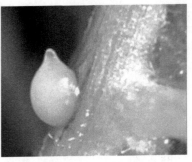

图 6-44　大豆卷叶螟　　　图 6-45　大豆孢囊线虫

第六节　菜用大豆生理性病害及防治方法

1. 缺锰

缺锰首先表现叶肉失绿，叶脉仍为绿色，叶脉呈绿色网状，叶脉间失绿小片圆形，叶脉间叶片突起，使叶片边缘起皱。缺锰严重时，失绿小片扩大相连，并出现褐色斑点，呈烧灼状，并停止生长。缺锰的原因是由于锰在作物体内不易移动。因此，症状常从新叶开始。防治方法作为应急处理方法，可叶面喷洒锰肥。经常出现缺锰症的碱性土壤，可施硫酸锰，每 1 000 m² 施 20～30kg，土壤为中性时施 10～20kg 土壤 pH 值 5～6 时，如仍出现缺锰症状，可施 10kg。多施有机肥可提高土壤的缓冲力，不易发生缺锰现象。

2. 缺钾

菜用大豆缺钾通常是老叶和叶缘先发黄，进而变褐、焦枯似灼烧状。叶片上出现褐色斑点或斑块，但叶中部、叶脉处仍保持绿色。随着缺钾程度加剧，整个叶片变为红棕色或干枯状，坏死脱落。防治方法应急的处理方法是叶面喷洒 0.3% 磷酸二氢钾，也可土壤追施磷酸二氢钾，每 1 000 m² 施 10kg。蔬菜类对钾的吸

收量较其他作物多，但一次施用多量钾肥时，将会引起镁缺乏，因此，少量分次施用较为安全。作为根本对策，应有计划地施用钾肥提高地力，平时注意施用追肥，以增加地力，使钾蓄积，作物需要时，随时可吸收。再者，土壤中有硝酸态氮存在时，钾的吸收较易，如为铵态氮时，则钾的吸收被抑制，容易引起缺乏症。因此，土壤施用腐殖质时，形成团粒构造，排水良好，硝酸化菌的繁殖变佳，铵态氮将变硝酸态氮，氮、钾协调，有利于作物的吸收。

3. 沤根

（1）症状。沤根死秧为菜用大豆常见生理病害，种植地区时有发生。育苗期和移植期都可发生，轻时造成局部死苗或死秧，严重时成片死亡。主要表现为分苗或移植后植株新根极少或不产生须根，老根根皮变褐呈水浸状或呈锈褐色。长时间沤根，使根系逐渐坏死、腐烂，最后全部根系腐朽，病苗或病株极易拔起。随病害发展，部分叶片叶缘枯焦，地上部逐渐萎蔫枯死。

（2）发生原因。造成沤根的主要原因，是由于移植后地温长时间持续低于或高于菜豆根系生长发育需要的正常温度，或移植后浇水过大，或遇阴雨天，土壤持水量过高，通透性差，根系严重缺氧，不能正常进行生理代谢，致使根系生长停滞后坏死。通常低温潮湿容易造成沤根。

（3）防治方法。

①在移植时防止过量浇水，尤其是遇阴雨天、地温较低时更需避免浇大水。高温季节注意保持土壤疏松，防止地面积水。

②加强强移植后温、湿度管理，正确掌握通风时间和通风量大小，避免长时间低温潮湿。

③发生轻微沤根时，可以通过及时中耕松土，提高管理温度促使恢复生长。

④喷或浇4号ABT生根粉10~25mg/kg液促使产生新根。

4. 菜用大豆落花落荚

菜用大豆分化的花芽数很多，开花数也较多。

菜用大豆落花落荚的原因如下。

（1）植株营养分配不当。落花落荚从根本上说是植株对环境的一种适应性反应。品种之间有一定差异，即便是同一个品种，个体之间也会有差异。在稀植条件下，菜用大豆植株基部的花序开花、结荚比中部的花序多，而中部的花序开花、结荚又比上部的花序多；密植条件下，情况正好相反，上部花序开花、结荚数多于中下部的花序。花序之间也有相互制约的倾向，如果前一花序结荚多，那么后一花序结荚往往减少；就每个花序来说，基部1~4朵花的结荚率较高，其余花多数脱落，即使结荚，最后也不免会脱落。一般说，初期落花多是由于随着植株发育而引起的养分供应不均衡所致，中期落花多是由于花与花之间争夺养分而引起，而后期落花则常是由于营养不良与环境条件不良造成的。

（2）温度。菜用大豆在花芽分化期和开花期遇到10℃以下低温和30℃以上高温，都会使花芽发育不全，增加不孕花，降低或丧失花粉生活力，影响花粉发芽和花粉管在雌蕊上的伸长速度，使雌蕊不能受精而落花落荚。

（3）空气湿度和土壤水分。菜用大豆开花期对空气湿度较为敏感，湿度过低过高均不利授粉受精，菜用大豆花粉萌发和花粉管伸长的最适宜的综合条件为：温度20~25℃，湿度94%~100%，蔗糖浓度14%。土壤湿度低时，植株开花结荚数减少；而土壤湿度大时，植株的开花数多，但由于花朵之间对养分的竞争而使结荚率降低，土壤干旱和空气过度干燥，也会使花粉畸形和失去生活力。此外，土壤水分过多能引起菜用大豆根部缺氧，使地上茎基部的叶片黄化脱落而引起落花落。

（4）光照。菜用大豆的光饱和点是2万~3.5万勒克斯，当光照时数减少、日照强度减弱时，植株的光合强度降低，植株发育受阻，致使落花落荚增加。保护地栽培条件下，光照较露地弱，为此应选用透光率高的塑料薄膜，并经常清洁棚膜。

（5）土壤营养。一般来说，菜用大豆花芽分化以后，增加氮素供应能促进植株的生长，增加花数和结荚；但是如果氮素供应过多同时水分也供应充足时，便容易导致茎、叶徒长，最后招致落花、落荚；如果供应的营养物质不能满足茎叶生长和开花、结荚的需要，也会造成植株各部分争夺养分的现象，从而引起落花落荚。另外，土壤缺磷，常会使菜豆发育不良，使开花数和结荚数减少。

（6）其他不良环境因素。如选地不当，种植过密，吊架、施肥、灌水及防治病虫害等措施不当，都会引起菜用大豆落花落荚。

如何防止落花落荚。

①选用良种：选用适应性广、抗逆性强、坐荚率高的丰产优质菜用大豆品种。

②适期播种培育壮苗：无论是保护地春提前或秋延后栽培，只有掌握好适期播种才能充分利用最有利于菜用大豆开花结荚的生长季节，使植株生长健壮并增强适应性，从而减少落花落荚。

③加强田间管理：适当合理密植，应用排架、吊绳或人字架等架型，为菜用大豆生长创造一个良好的通风透光环境，促使植株生长健壮而正常开花结。定植缓苗后和开花期以中耕保墒为主，促进根系健壮生长。植株坐荚前要少施肥，结荚期要重施肥，施肥应掌握不偏施氮肥，注意增施磷、钾肥。浇水，应掌握使畦土不过湿或过干。及时防治病虫害，使植株生长健壮，能正常地开花结荚。除此以外，还应及时采收嫩荚，以提高营养物质的利用率和坐荚率。

④植物生长调节剂的应用：为防止菜用大豆发生落花落荚，

可对正在开花的花序喷施 5~25mg/kg 乙酸或 2mg/kg 防落素。

综上所述，菜用大豆出现一定的落花数是正常的，只要通过运用各种栽培技术措施，达到一定的坐荚率，就可以增产增收。

5. 菜用大豆高秧低产

（1）影响菜用大豆产量的具体原因。

①温度不适：菜用大豆性喜温暖，栽培适温为 20~25℃，10℃以下生长受阻。15℃以下的低温易产生不完全花，30℃以上的高温干旱易产生落花落荚现象，昼夜高温，植株徒长，几乎不能开花结果。

②光照不足：光照不足不仅植株有徒长的趋势，同时分枝数、叶片数、主侧枝节数都会减少。菜用大豆要求较高的光照强度，生长期内光照充足，能增加花芽分化数。

③水分过大：菜用大豆喜湿润，但不耐渍，植株生长适宜的土壤湿度为田间最大持水量的 60%~70%，空气相对湿度以55%~65%为宜。空气湿度大，作物光照不足，易徒长，感病，也引起落花落荚。

④施肥不及时，缺乏磷钾肥：菜用大豆对土壤营养要求不严，但在根瘤菌还未发挥固氮作用以前的幼苗期，应适当施用氮肥，此时若施肥不及时，会影响植株生长；结荚后应适当补充磷钾肥，否则，会影响植株发育，降低产量和品质。

⑤气体的影响：一是土壤板结，透气性差，缺少氧气，影响根系的发育和根瘤的形成；二是大棚密闭环境往往使二氧化碳不足，影响光合产物的形成。

（2）解决菜用大豆高秧低产的措施。

①通过栽培措施满足菜用大豆不同生育期时对温度的要求：采用高畦地膜覆盖栽种。畦高 15cm，畦面呈龟脊状，同时，铺设地膜，利于提高地温，利于根瘤菌的良好生长和根系发育。幼苗期采取多层覆盖。使棚温保持 18~20℃，开花结荚期保持 18~

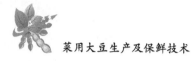

25℃，以后随着外界温度提高，应加强通风降温，使室内温度不能高于30℃。

②保证足够的光照条件：合理稀植，以行距80cm，株距20cm，交错点播在高垄上，改善光照条件。清洁无滴膜，用新的聚氯乙烯无滴膜，并及时清扫膜上灰尘，增加透光率。每天尽量早揭晚盖，延长光照时间。及时摘除老、黄叶片。改善通风透光条件。

③降低棚内湿度：铺设地膜，膜下浇水，将空气相对湿度控制在55%~65%，可有效地防止病害的发生，且秧苗生长健壮。严格控制浇水时期和浇水量，菜用大豆在开花结荚前的营养生长期对水分的反应很敏感，第一花序开花期一般不浇水，防止枝叶徒长，造成落花。尤其有些品种过早灌水，会造成根系浅、茎叶生长旺盛、花序发育不良，易形成大量落花，故开花结荚前不浇水。豆荚开始膨大、伸长时，应结束蹲苗期，需要供给充足的肥水，但土壤不可积水，也不能干旱，否则，均会造成落花落荚。

具体应把握以下几点：苗期保持土壤湿润，见干见湿；初花期适当控水；结荚期在不积水的情况下勤浇水，每次采摘后都要重浇水即为膜下浇水。

④适时追肥：菜用大豆在播种后12~15天应及早追施氮肥。坐荚后第2次追肥，每亩追施尿素20kg，钾肥10kg或50%人畜粪尿2 500~5 000kg。一般较矮品种需肥量要大。每采收1~2次追肥1次，最好化肥与人粪尿交替施用。

⑤调节大棚内气体条件：注意排水降涝，改善土壤中氧气状况。在保证适宜的温度、水分等条件下，通风换气，增加棚内二氧化碳含量或进行二氧化碳施肥。通过对冬暖大棚越冬菜豆的高秧低产的原因分析，可以采取有效的农业措施，以满足菜豆对温度、光照、水分、肥料等环境条件的要求，使营养生长和生殖生长平衡进行，提高冬季菜用大豆的产量。

6. 菜豆氨气和亚硝酸气为害

（1）氨气为害。

①主要症状：受害叶片初期呈水浸状，以后逐渐褪为淡褐色幼芽或生长点萎蔫，严重时叶缘焦枯，全株生理失水干缩而死。

②发生原因：一是施用了过量的尿素、碳酸氢铵、硫酸铵等氮素肥料；二是施用了没有充分腐熟的人粪尿、厩肥等有机肥料；三是在棚内施用发酵饼肥或者鸡粪等肥料；四是追肥时撒施肥料于地面。据测定棚内浓度达 5mg/kg 时，就会出现为害症状。

③针对氨气引发致使蔬菜中毒的原因，主要为如下几点：一是要施用充分腐熟的堆肥、厩肥和人粪尿，杜绝新鲜粪肥入；二是要注意不能过量施用氮肥，并要配施磷钾肥；三是当出现为害时，可喷施 1∶800 倍的惠满丰活性液肥或纳米磁能液 2 500 倍液，能较快地解除毒害，恢复正常生长。

（2）亚硝酸气为害。

①主要症状：多数从叶缘开始表现症状，在大叶脉间形成病斑，病斑黄白色，边缘颜色路深，病斑部位和健康部位界限明显。发病速度较快时，叶片呈绿色枯焦状。因施肥过多引起的亚硝酸气为害，多与肥害同时发生。

②发生原因：大量施用化肥或粪肥，在土壤由碱性变酸性情况下，硝化细菌活动受抑制，致使亚硝态不能正常、及时转换成硝酸态氮而产生为害。

③防治措施：施用充分腐熟的农家肥。施化肥特别是施尿素时，要少施勤施，施后及时浇水，加强通风。产生为害后应及时喷施叶面宝等叶面肥加以缓解。

7. 菜用大豆高温障碍

（1）菜用大豆的生长发育与高温障碍。

①菜用大豆营养生长与温度：菜豆的发芽适温为 20～30℃，

最高 35℃，高于 40℃和低于 10℃基本不发芽；根的生长最低温8℃，最适 28℃，最高温度为 38℃。在 29 100~37 000 勒克斯的光强范围内，30~35℃高温下，同化率降低不明显。因而，在高温下营养生长并不受太大抑制。

②高温对花芽分化的影响：菜用大豆开始花芽分化所需的积温在 227~241℃，即使不同播种期也需达到大致相同的积温才开始花芽分化，在相同的积温下，显示出大致近似的花芽分化数。因此，夏季较高的温度能够在较短的时间内满足花芽分化的积温要求，花芽发育的天数缩短，但花芽质量差；在 30℃高温下，菜豆花芽发育初期较快，花芽数也多，但随着高温时间延长，发育速度减慢，到柱头形成期前后停止发育，此后即使发育，花粉母细胞形成也不完全或花芽整体的发育减弱，多脱落或消失。夜高温有着同样的趋势。平均气温达 25℃以上，花芽分化开始减少。花芽分化期遇高温其长缩短，每株荚数减少，导致减产，推断其有害的温度界限是 27~28℃。

③高温与开花结实：发育良好的花芽，开花期温度高，结实也不良。15~25℃结荚率较好，30~40℃结荚率很差，低于 10℃和高于 45℃不结荚。另外，开花当天 10：00 的气温与结荚率之间呈负相关。说明在夏季高温期栽培菜豆，主要是高温引起落花而严重影响产量。

综上所述，高温主要是影响菜用大豆的生殖生长，以柱头形成期前后到开花结荚期受影响最大，超过 30℃，开花结荚显著不良。

（2）克服高温障碍，提高结荚率的措施。

①应用生长调节剂：高温少雨时，在开花期喷 1mg/kg 浓度的防落素液，或 15mg/kg 浓度的萘乙酸液，或 15mg/kg 浓度的吲哚乙酸液，具有减少落荚提高坐果率的作用。

②宽行栽培：畦宽加大至 1.4~1.5m，畦向与当地风向基本

相同，有利于通风散热，降低田间温度。

③加强肥水管理：全生育期或生育前期喷浓度 1mg/kg 的维生素 B_1 液，能提高着蕾数、开花数、结荚率，并能增加单荚重量，且生育期有提早趋势；畦面进行覆草，尤其是 6—7 月上旬播种的菜用大豆，既能降低温度又可保湿，开花结荚期遇高温干旱要及时灌溉。保持土壤湿润，含水量 60% 在左右，避免和减轻高温干燥对结荚的双重影响，提高坐果率。

8. 菜用大豆不坐荚

（1）症状。菜用大豆植株生长得非常旺，坐荚非常少，有的即使坐住了，也有很多弯荚，幼荚脱落的现象严重。

（2）发生原因。这是一种典型的生理性病害，主要有 2 种原因：一种是由于菜用大豆花芽分化不好，菜用大豆不能进行正常的授粉，即在花芽分化时碰上不良天气，如低温弱光等；另一个原因是由于生长不平衡即营养失调造成的，如果植株生长过旺，植株消耗养分过多，造成营养生长过旺生殖生长不足，同时，也与夜温过高有关，夜温过高植株生长过旺。

（3）解决方法。一是温度管理很关键。长期高温会导致菜用大豆植株早衰，长期低温会导致菜用大豆只伸长不坐荚，使总产量降低。因此，菜用大豆初花期以后白天要维持在 22~24℃，昼夜温差在 10℃ 以上，早晨拉棚前室内温度不低于 12℃ 为宜。有的菜农长期将花期温度控制在 24℃ 以上或长期低于 22℃，会导致落花严重。二是喷洒植物生长调节剂，可于叶面喷洒 750 倍的助壮素，选晴天的下午进行喷洒，以此控制菜豆的长势。三是合理施肥，喷洒微量元素叶面肥。要注意少施用氮肥，适当增施含钾量高的复合肥及生物肥等肥料，也可适当施用部分腐殖酸肥料，也可往植株上喷洒含有硼、钙的叶面肥等，有利于菜用大豆开花坐荚。

9. 菜用大豆秕荚

（1）症状。荚用大果无籽粒部分不膨荚，完全无籽粒时，发育过程中容易变黄脱落。

（2）发生原因。菜用大豆之所以会出现秕荚，与授粉坐荚时期天气情况和菜农过度摘叶有很大关系。一是下半夜温度过高。温度过高，尤其是下半夜温度过高，就会使叶片光合产物消耗过大，导致营养消耗过大，菜用大豆果实发育不完全，出现秕荚。二是光照不足。春节过后，阴雾天气较多，棚内光照本身就不足，有很多菜农大棚膜上的灰尘特别多，本来光照就不足，棚膜又不干净，光合作用会大大降低，光合产物积累偏少，不能正常供应菜用大豆生长需要。三是一次性摘叶过度。菜农为了防治黄叶感染病害，一味地摘除叶片，有些菜农直接把中上部叶片都给摘除了，导致叶片不足，光合作用减弱。

（3）防治方法。严格调控棚内温度、拉大昼夜温差。菜用大豆授粉的温度范围较窄，一般白天温度控制在23~25℃，不能超过25℃，夜间温度控制在13~14℃，以促进花芽分化正常，保证菜用大豆正常坐荚。

及时将菜用大豆下部老叶去除，擦净棚膜，以此改善光和条件，使光合作用正常进行。

摘除病叶、老叶以预防病害是值得提倡的，但摘叶要适度。顶部新尚未发育完全，叶片制造营养的能力较低，而且新叶生长需要大量营养，需要其他叶片供应。中上部叶片发育完全，光合效率高，制造的营养供应菜用大豆果荚、根系和新叶生长，是叶片光合作用的主力，不可轻易摘除除。一般来说，摘叶时间在一批果荚完全采收之后，摘除为宜，但仅可摘除下部老叶、病叶。

10. 黄化斑叶

（1）症状。叶脉间先出现斑点状黄化，继而扩展到全叶，叶脉仍保持绿色。严重时叶片过早脱落。

（2）发生原因。缺镁所致。菜用大豆缺镁易发生的条件是低温，地温低影响了根系对镁的吸收，在地温低于15℃时就会影响根系对镁的吸收。土壤中镁含量虽然多，但由于施钾多影响了菜豆对镁的吸收时也易发生。一次性大量施用铵态氮肥也容易造成菜豆缺镁。当菜豆植株对镁的需要量大而根不能满足需要时也会发生。

（3）防治措施。增高地温，在结荚盛期保持地温15℃以上，多施用有机肥。土壤中镁不足时要补充镁肥，镁肥最好是与钾钾肥磷肥混合施用，应急时可用0.5%~1%硫酸镁水溶液，每5~7天喷1次，共喷2~3次。

11. 菜用大豆弯荚

（1）症状。豆荚不直，出现弯豆荚。

（2）发生原因。这是一种生理性病害，与植株的长势有关。一般植株长势过旺，营养生长过盛，而生殖生长不足，豆荚生长所需要的养分不均衡，所以，出现弯豆荚的情况较多。

（3）解决办法。

①施肥：采用配方施肥，保证营养供应。不宜过多施用氮肥，可多施有机肥、高钾复合肥以及生物肥和腐殖酸类肥料等，保证营养均衡。温度高，容易造成菜用大豆的营养生长过盛，而使生殖生长不足。尤其是一些菜用大豆，尚处于苗期，如果植株的长势过快，植株拔节过快过长，营养生长过盛，对后段时间的花芽分化不利，对开花和坐果都有影响，严重时会大大降低蔬菜的后期产量。

②温度：应适当控制，白天一般在30℃以下，温度过高容易出现落花。夜间温度也要严格控制，不能过高，早上温度要控制在15℃左右，否则，植株易出现旺长，从而影响其坐荚率。

③浇水：宜小水勤浇，盛花期不宜浇大水，浇大水会造成菜用大豆出现落花、落果现象，对菜用大豆的生长不利。

第七章　菜用大豆种植方式

第一节　菜用大豆的一般栽培技术

一、播种准备与播种技术

（一）土壤准备

播种前的土壤准备，包括播前整地、播前灌溉、播前封闭除草等几项工作。

1. 播前整地

播前整地，包括播前进行的土壤耕作及耙、耢、压等。整地技术不同，播前整地工作也有所不同。种植大豆可采用平翻、垄作、耙茬、深松等整地技术。

（1）平翻。平翻多用于我国北方一年一熟的春菜用大豆地区。通过耕翻，加速土壤熟化及养分的充分利用，创造一定深度的疏松耕层，翻埋农家肥、残茬、病虫、杂草等，为提高播种质量和出苗创造条件。

翻地时间因前作而不同，有时也因气候条件限制有所变化。麦茬实行伏翻，应在 8 月翻完，最迟不能超过 9 月上旬黑土耕深 25~35cm；黄土、白浆土、轻碱土或土层薄或下层土壤含有害物质（白浆层或盐碱）翻深不宜超过肥土层。伏翻后，在秋季待土壤充分接纳雨水后耙细耢平。玉米茬、谷子茬和高粱茬可进行秋翻。秋翻时间短促，一旦多雨，秋翻不能进行，只能在翌年春翻。秋翻应在结冰前结束，深度可达 20~25cm。秋翻地应在耕后立即耙耢，在翌年春播前再次耙平并镇压，防止跑墒。春翻应在土壤"返浆"前进行，耕深15cm为宜。

一般来讲，伏翻有利于土壤积蓄雨水；秋翻可防止春播前水分过多丧失，好于春翻。但秋翻不适时，水分过多形成大土块，效果反而不如春翻

（2）垄作。垄作是我国东北地区常用的传统耕作方法。耕翻后成垄，能提高地温，加深耕作层，并能排涝、抗旱。

垄作有耙种、扣种2种。前作为春小麦的收获后立即搅茬成垄；待表土稍干后，压1遍，翌年可垄上播种。前作为玉米、高粱或谷子的，以原垄越冬，早春解冻前，用重耢子耢碎茬管，然后垄翻扣种，垄翻后及时用木磙子镇压垄台。

（3）耙茬。我国东北春菜用大豆区和黄准流域夏菜用大豆区均有采用耙茬耕法，是平播菜用大豆的浅耕方法。此法可防止过多耕翻破坏土壤结构，造成土壤板结。又可减少深耕机械作业费用。

东北春菜用大豆区，耙茬耕法主要用于前作为小麦的地块。小麦收获后，用双列圆盘耙灭茬，对角耙2遍，翌年播前再耢1遍，即可播种黄准流域夏大豆区，前作冬小麦收后，先撒施底肥，随即用圆盘耙灭茬2~3遍，耙深15~20cm。然后再用畜力力轻型钉齿耙浅耙1遍。耙细、耙平后播种。

（4）深松。深松耕法采用机械化作业，方法多样，机械灵活。是一种很有发展前途的耕法。黑龙江省机械化程度较高的农场，菜用大豆种植区80%以上采用深松耕法。利用深松铲，可耕松土壤而不翻转土层。实行间隔深松，打破平翻耕法或垄作耕法形成的犁底层，形成虚实并存的耕层结构。垄底深松一般15~20cm，不宜过深，垄沟深松可稍深，一般可达30cm。同时，以深松为手段可完成追肥、除草、培土等作业。

2. 播前灌溉

对于墒情不好的地块，有灌溉条件的，可在播前 1~2 天灌水 1 次，浸湿土壤即可，以利于播后种子发芽。

3. 播前封闭除草

近年来，播种前在土壤中施用除草剂进行封闭除草成为东北菜用大豆主产区化学除草的主要形式。常用的除草剂有速收、宝收、广灭灵、都尔、普乐宝、赛克等。

（1）田间杂草对菜用大豆的为害。杂草适应性强，生长发育和繁殖迅速，大量消耗土壤水分和养分，并遮挡太阳光照，直接影响菜用大豆生长发育，从而降低菜用大豆的产量和品质。杂草也是病害媒介和害虫栖息的场所在田间杂草丛生情况下，常常引起病虫害的发生和流行。另外，田间杂草多，会影响田间管理的进行，同时，对菜用大豆收获工作也有很大影响。尤其是机械化栽培，杂草会增加机械牵引的阻力和机械损耗。当菜用大豆田间杂草多时，应及时清除，否则，将会严重影响菜用大豆产量。

（2）菜用大豆田间杂草的预防。防除菜用大豆田间杂草，应以预防为主，尽量避免杂草种子进入田间。

①实行杂草检疫制度，精选播种材料：对国外引进的材料必须严格经过杂草检疫，凡属国内没有或尚未广泛传播的杂草，必须严格禁止输入。另外，国内某些地区的恶性杂草也应避免传入别的地区，注意播种材料和新开垦土地的清洁，减少田间杂草来源。

②清除地边和路旁的杂草：大田周围和路旁的杂草是田间杂草的来源之一，如管理粗放，未及时消灭这些杂草，杂草会很快增多。最好在路边和地头种上草皮、多年生收草及灌木等覆盖植物，这样既可减少杂草籽的来源，也有利于保持水土，改善生态环境。

③施用腐熟的农家肥：因农家肥中往往含有大量杂草种子，

具有发芽能力，若不经过高温腐熟，便不能降低杂草籽的发芽能力，将农家肥施入田间，就等于不断向田间撒种草籽。因此，农家肥必须经过50~70℃高温堆沤处理2~3周，以杀死杂草种子。

④秋后深翻或播前耙地可将杂草种子深埋，以减少其为害。

（3）农业技术除草。

①合理轮作：与玉米、小麦、高粱、谷子、甘薯等作物轮作，轮作周期应不少于3年。

②适当耕作：正确的土壤耕作，不仅可以熟化土壤提高地力，而且可以消灭杂草，如春菜用大豆区的深耕灭草，是采用周期性的伏翻和秋翻，把土壤上层的杂草翻压到底层。

③中耕培土：在菜用大豆生育期间，分期适当中耕培土，是清除菜用大豆田间杂草的重要措施。尤其在东北春菜用大豆区，是以垄作为主体的耕作栽培方式，分期中耕培土，对消除田间杂草，具有更显著的作用。

（4）化学除草。化学除草剂的应用，节省了大批劳动力，提高了劳动生产率，使一般机械难以除掉的株间杂草得到清除，也使传统的耕作栽培法得到了改进。机械中耕有的地方可以减免，行距可以适当缩小，总密度可以加大，有利于增产增收。化学除草剂可采用土壤处理和茎叶处理进行。

（二）种子准备

1. 精选种子

播种前，用粒选器及人工精细粒选，剔除病粒、虫蚀粒、小粒、未成熟粒及其他混杂粒。精选后净度要达到97%以上，纯度要达到98%以上。

2. 发芽试验

发芽试验是计算播种量的依据。随机取300~500粒种子，放入小布袋内，用水浸泡3~5小时，充分吸胀后，放在20℃左

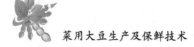

右的温暖处，5~7天后取出计算发芽率要求发芽率95%以上。

3. 种子处理

为防治蛴螬、地老虎、根蛆、根腐病等苗期耕作及病虫害，常用种子量0.1%~0.15%辛硫磷或0.7%灵丹粉或0.3%~0.4%多菌灵加福美箱（1∶1），或用0.3%~0.5%多菌灵加克菌丹（1∶1）拌种。药剂搅拌种子与钼酸铵拌种同时，先用钼酸铵拌种，阴干后再拌药剂。采用根瘤菌拌种后，不能再拌杀虫剂和杀菌剂。

种子包衣技术是最近几年发展起来的种子处理新技术可防治病虫害，促进幼苗生长，提高大豆产量。种衣剂通常含有杀虫剂、杀菌剂、微肥、植物生长调节剂等成分。种子包衣处理最好由种子营销部门采用机械统一进行，农户直接购买经包衣处理的种子。如果自行进行种子包衣，要注意选购合适的种衣剂，正确掌握用量，采取必要的防护措施，避免人、畜中毒。

（三）播种时期

在同样的生产条件下，播种期早晚对产量和品质的影响非常大。播种过早或过晚，对菜用大豆生长发育不利。适时播种，保苗率高，出苗整齐、健壮，生育良好，茎秆粗壮。播种过晚，取出苗虽快，但苗不健壮，如遇墒情不好，还会出苗不齐。北方菜用大豆产区，晚熟品种易遭早霜为害，有贪青晚熟减产的危险；播种过早，在东北地区，由于土壤温度低，发芽迟缓，易发生烂种现象。

地温与土壤水分是决定春播大豆适宜播种期的两个主要因素。一般认为，方春播菜用大豆区，5~10cm土层内，日平均地温8~10℃时，土壤含水量为20%左右，播种较为适宜。所以，东北地区菜用大豆适宜播种期在4月下旬至5月中旬，其北部5月上中旬播种，中部4月下旬至5月中旬播种，南部4月下旬至

5月中旬播种；北部高原地区4月下旬至5月中旬播种，其东部5月上中旬播种，西部4月下旬至5月中旬播种；西北地区4月中旬至5月中旬播种，其北部4月中旬至5月上旬播种，南部4月下旬至5月中旬播种。

夏播和秋播菜用大豆由于生长季节较短，适期早播很重要。另外，播种期也可根据品种生育期类型、地块的地势等加以适当调整。晚熟品种可先播，中、早熟品种可适当后播。春旱地温、地势高的，可早些播种，土壤墒情好的地块可晚些播，岗平地可以早些播种。

（四）播种方法

单菜用大豆的播种方法有窄行密植播种法、等距穴播法、60cm双条播、精量点播原垄播种、耧播、麦地套种、板茬种豆等。

1. 窄行密植播种法

缩垄增行、窄行密植，是国内外积极采用的栽培方法。改原来60~70cm宽行距为40~50cm窄行密植，一般可增产10%~20%。此种种植方法，从播种、中耕管理到收获，均可采用机械化作业。由于机械耕翻地，土壤墒情较好，出苗整齐、均匀。窄行密植后，合理布置了群体，充分利用了光能和地力，并能够有效地抑制杂草生长。

2. 等距穴播法

机械等距穴播提高了播种工效和质量。出苗后，株距适宜，植株分布合理，个体生长均衡。群体均衡发展，结荚密，产量较条播增产10%左右。

3. 60cm双条播

在深翻细整地基础上，采用机械平播，播后结合中耕起垄。优点是能抢时间及时播种，种子直接落在湿土里，播深一致。种

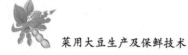

子分布均匀，出苗整齐，缺苗断垄少。机播后起垄，加上精细管理，故杂草少，土地疏松。

4. 精量点播

在秋翻耙地或秋翻起垄基础上，刨净茬子在原垄上用精量点播机或改良耙单粒、双粒平播或垄上点播的一种方法。能做到下籽均匀，播深适宜，保墒、保苗。还可集中施肥，不需间苗。

5. 原垄播种

在干旱条件下，为防止土壤跑墒，采取原垄茬上播种，具有抗旱、保墒、保苗的重要作用，还有提高地温、消灭杂草、利用前茬肥和降低作业成本的好处。

6. 麦地套种

夏播菜用大豆地区，多在小麦成熟收割前，于麦行里套种菜用大豆。一般4月中下旬套种，用镐头开沟，种子播于麦行间，随即覆土镇压。

7. 板茬种豆

湖南、广西、福建、浙江等省（自治区）种植的秋菜用大豆多采用此法播种。一般在7月下旬至8月上旬播种。适时早播为佳，在早稻或中稻收获前，即先排水露田，但不能排得过干，水稻收后在原茬行上穴播种豆。一般每亩1万株左右，每穴2~3株，播完后第二天再漫灌催芽水，浸泡5~6小时后，将水排干。

（五）合理密植

合理密植是提高菜用大豆产量的重要措施。土壤肥力、品种繁茂性、播种期、气候条件等因素与密度间均有着密切的关系。所以，以往简单地讲"肥地宜稀，瘠地宜密"，只是侧重考虑了肥力因素，在具体确定种植密度时，还应考虑其他因素。

在春菜用大豆种植区，菜用大豆生长期较长，生育期间处于温暖多雨季节，植株生长较为繁茂，种植密度应适当小些。夏菜用大豆整个生长期处于炎热的夏季，生长发育快，密度可稍大些。秋菜用大豆多种于我国长江以南地区，生育期间处于炎热高温条件下植株生长发育快，密度也应适当大些，一般可参考下列种植密度。

1. 北方春菜用大豆的播种密度

在肥沃土地上，种植分枝性强的品种，每亩保苗 0.8 万~1 万株为宜。瘠薄土地，分枝性弱的品种，每亩保苗 1.6 万~2 万株为宜。高纬高寒地区，种植的早熟品种，每亩保苗 2 万~3 万株。在种植菜用大豆的极北限地区，极早熟品种，每亩保苗 3 万~4 万株。

2. 黄淮平原和长江流域夏菜用大豆的播种密度

一般每亩 1.5 万~3 万株。平川肥沃土地，有灌溉条件的，每亩保苗 1.2 万~1.8 万株。肥力中等及一般肥力的地块，每亩保苗 2.2 万~3 万株为宜。

3. 南方秋菜用大豆的播种密度

以每亩保苗 2 万~3 万株为宜。

二、田间管理技术

菜用大豆整个生长期可划分为 3 个阶段：从出苗到始花前，为营养生长阶段；始花到终花，为营养生长与生殖生长并进阶段；终花到成熟，为生殖生长阶段。又分别将它们称作生育前期、中期和后期。

（一）生育前期的管理

这一阶段的主攻目标是保证全苗、苗匀、苗壮。疏松土壤促进发根壮苗，早分枝，早开花，多开花。

1. 补苗

每亩株数是构成菜用大豆产量的重要因素。为保证单位面积

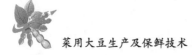

苗数，必须尽早做好田间苗情调查，对缺苗地块采取补救措施。

（1）补种土壤干旱的地块，补种时采用坐水点种，以利于提早出苗。

（2）补栽移取过密处的壮苗，带土补栽。移栽时埋土要严密，适量浇水。可在补栽时施用适量化肥，或在成活后追施苗肥，促使补苗加快生长。

2. 间苗

间苗可保证苗匀、苗壮，使幼苗均匀分布生长，达到合理密植。春菜用大豆区间苗可在菜用大豆子叶刚展开时至 2 片真叶期进行，宜早不宜迟。夏菜用大豆区为防止地下害虫为害造成缺苗太多，在第一复叶出现时期间苗较为适宜。若劳力充足，可进行第一次疏苗，第二次定苗。人工间苗，按种植密度留苗，间去病苗、弱苗、小苗和杂苗。

3. 中耕除草

为促进幼苗快速生长和根系发育，应提早进行人工铲地除草与机械或畜力中耕。

（1）铲前蹚一犁。为促幼苗快出土、长得壮，一般平播菜用大豆，子叶刚出土尚未展开前，采用小铧溜子先蹚一犁。深松土不培土。垄上播种的，也在菜用大豆刚拱出 2 片子叶尚未展开时深蹚一犁。

（2）铲蹚。第二次在菜用大豆苗照垄后，不晚于第一片复叶展长，结合间苗进行人工铲地除草，而后利用畜力或机械中耕深约 15cm。埋土不超过子叶痕。第二次铲蹚于分枝期进行，耕深 10~12cm。此期培土应埋压子叶节，使子叶节上产生次生根，提高抗倒伏能力和后期吸肥能力，防止早衰。

4. 施用苗后除草剂

草荒严重，有化学除草作用的地区，可进行苗后化学除草。常用的除草剂有苯达松、虎威、精稳杀得、广灭灵等。

（二）生育中期的管理

进入生育中期，菜用大豆营养生长与生殖生长并进，生长速度加快。此期主攻目标是促进植株健壮生长，防止倒伏，增花保豆荚。

1. 中耕与追肥

在初花期完成菜用大豆 3 次中耕的最后 1 次，中耕深度10cm 左右。埋土不超过第一复叶节。并可根据大豆生长情况，适量追肥。

2. 灌溉及追肥

在菜用大豆初花期，土壤含水量低于 65% 处时，应及时进行灌溉，并视植株生长情况叶面喷肥。一般每亩用 0.75~1kg 尿素加磷酸二氢钾 0.3kg。采取喷灌灌溉方法的，可结合喷灌进行叶面喷肥。

3. 防治病虫害

开花盛期，大豆蚜虫、造桥虫、棉铃虫、灰斑病等发生严重。可单独或与叶面追肥结合施药进行化学防治。

4. 施用壮秆剂针

对植株高大、生长繁茂的品种，喷洒生长调节剂（延缓剂）矮壮素和三碘苯甲酸（TIBA）可以抑制大豆徒长，使植株收敛，茎秆矮化，防止倒伏，有利于花荚形成。始花期，每亩用 15~20mg/kg 浓度的矮壮素 30~40kg，或用 3~5g 三碘苯甲酸粉剂或15~18mL 乳剂，对水 25~30L 喷洒；盛花期每亩用三碘苯甲酸粉剂 8~10g，乳剂 30~40mL，对水 40~50L 喷洒。

（三）生长后期的管理

菜用大豆生育后期的主攻目标是加速鼓粒、增粒和增重。

1. 拔除田间杂草

在菜用大豆生育后期，气温高、湿度大，行间杂草发育快，

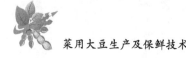

生长高大，与菜用大豆争水、争肥，必须及早清除。一般清除田间杂草能提高产量 13%~26%。

2. 追肥

进入鼓粒期后，菜用大豆需肥量大。这时根瘤固氮能力逐渐衰退，要求补充营养。可根据生长情况，每亩用尿素 0.75~1kg、钼酸铵 10~30g、磷酸二氢钾 100~300g，对水 15~25L 叶面喷雾。

3. 灌增重水

鼓粒期，豆粒增大，需水量大。当土壤含水量低于田间最大持水量 70%~75%时，需及时灌溉。

第二节　菜用大豆春播栽培技术要点

1. 整地做畦

早春精细整地，每亩施腐熟有机肥 2 000~3 000 kg、过磷酸钙 20~30kg。地力差的田块，基肥中还应加硝酸铵 8~10kg。在南方酸性土壤，应施生石灰，调节 pH 值至 6~7.5。均匀撒施后整地做畦，一般做高畦，畦宽 1.3m（含沟）。

2. 播种育苗

南方宜在 3 月下旬和 4 月中旬播种。行距 25~30cm，穴距 15~20cm，每穴播种子 3~4 粒。条播时株距 5~8cm，深度 2~3cm。按距离挖穴点播或开沟条播，覆土后再盖些草木灰，既可保持地面疏松，又能增加钾肥。春播品种一般为早熟品种，因早熟品种对光周期反应不敏感，能在夏季长日照调节下开花结荚。

出苗前不要浇水，以免烂种。一般播后 10 天左右出苗，再经 10~15 天当幼苗第一对真叶由黄绿色转变为绿色而尚未展开时，进行间苗，淘汰弱苗、病苗和杂苗，每穴留 2 株壮苗。在幼苗高 6~8cm 和 15cm 时各中耕 1 次，疏松土壤，提高地温。开花前进行最后 1 次中耕培土，防止根群外露和植株倒伏。

3. 田间管理

苗期一般不浇水，若过旱时可浇小水，保持 60%~65% 的土壤湿度。从分枝到开花期，生长量逐渐加大，对水分的需求量增加，应及时浇水。结荚期，植株生长旺盛，需水分较多，应浇水 2~3 次，使土壤相对湿度达 70%~80%。

二叶期每亩施硫酸铵 10kg 或腐熟人尿粪 200kg，促进根系生长和提早分枝。开花初期，每亩施尿素、过磷酸钙、硫酸钾各 10kg，以满足结荚所需养分，提高结荚率。灌浆期肥水应充足，以延长叶片的光合作用，防止早衰，促进蛋白质的形成，减少落花落荚。叶面喷施 2%~3% 过磷酸钙浸出液或 0.3% 磷酸二氢钾溶液 2~3 次，对提高产量和改进品质都有良好的作用。在朝露未干时顺风向叶面撒草木灰和钾肥，对促进结荚、防止缺钾病害很重要。当豆荚由深绿色变为黄绿色、豆粒仍保持绿色时即可收获。收获后的植株或豆荚应放在阴凉处，保持产品鲜嫩。

第三节　菜用大豆夏播栽培技术要点

1. 选择品种

选用荚大、粒大、采收期长、口感好的中熟和晚熟品种。

2. 适时播种

夏播菜用大豆播种不宜太早，南方 5 月中旬至 7 月间播种，一般应于 6 月中下旬播种。夏播菜用大豆能否高产，早播保全苗是关键。菜用大豆种子发芽需含水量约为 50%。有灌溉条件时，需视墒情播前灌溉，以利于出苗。

3. 合理密植

一般籽粒小的品种可适当密植，籽粒较大的品种应稀植。采

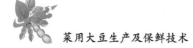

用 1.5m 作畦，每畦种 3 行，中熟品种行距 40~50cm、穴距 20~30cm，条播株距 10cm；晚熟品种行距 50~60cm，株距 12cm。实行挖穴点播，播种量一般每亩 6kg，每穴播 4~5 粒。夏播菜用大豆出苗快，苗期短，应及时间苗定苗，使个体分布均匀，有利于通风透光，达到合理密植，提高产量的目的。

4. 田间管理

苗期中耕除草 2 次，保持土壤疏松。干旱时浇水，幼苗生长弱时施入适量氮肥，促苗生长，为丰产打下基础。初花期结合中耕每亩追施尿素 8~10kg 或碳酸氢铵 20~30kg。视墒情浇水，保持土壤湿润，满足花荚发育的需要。结荚期喷施 0.5%磷酸二氢钾溶液 1~2 次，促进籽粒饱满。注意防治蚜虫、潜叶蝇、红蜘蛛、斜纹夜蛾、豆荚螟、病毒病、锈病、白粉病、霜霉病、紫斑病等病虫的为害。

中熟品种开花后 40~50 天，豆粒长足后适时收获，可增加淡季蔬菜种类；除鲜食外，还可进行冷藏保鲜，冬、春供应市场。

菜用大豆栽培过程中，采取综合措施防治鼠、病、虫害，是夺取高产的重要措施。在苗期田间喷洒农药，成株期豆荚螟、卷叶蛾、食心虫发生严重，可用溴氰菊酯、敌敌畏防治。在豆荚膨大至成熟期，投放鼠药，杀死田鼠，减少为害。

第四节 黄淮海流域夏大豆综合高产栽培技术

夏菜用大豆生长发育的特点是开花早、生育期短，单株产量低。因此，夏菜用大豆高产的关键是尽早播种，充分利用有限的生长期，在发挥个体生产潜力的前提下，通过合理密植，依靠群体夺高产。不同生长发育时期栽培管理的重点是：前期抓全苗、壮苗，中期保花荚，后期促鼓粒。

1. 选用优良品种

优良品种是菜用大豆高产、稳产、优质的基本保证。要根据当地实际，选择熟期适当、抗逆性强、丰产性好、品质优良的品种。目前，黄淮海地区大面积推广和新审定的高产、高蛋白菜用大豆品种有冀豆沧豆、鲁豆、豫豆、皖豆、徐豆等。

2. 合理轮作，灭茬整地

黄淮海地区菜用大豆胞囊线虫病等土传病虫害的为害严重，栽培菜用大豆必须轮作。因此，夏菜用大豆播种前应选择 2 年内没有种过菜用大豆的地块。合理轮作，可以发挥菜用大豆肥茬优势，做到各种作物扬长避短，相互促进。因此，建立麦、豆、棉（粮）轮作为主体的种植体系，是稳产、高产、持续增产的保证。耙地灭茬是提高播种质量、达到苗全苗壮的重要措施，既利于根系生长，还能蓄墒保墒、消灭草荒。据调查，耙地灭茬播种较贴茬播种的根干重增加 45.5%，主根长增加 23.2%根粗增加 14.3%，产量增加 19.9%。

3. 抢墒造墒，力争早播

早播既能满足菜用大豆对光热的的要求，又能适时种麦；早播营养生长时间长，多长枝叶，多挂花荚。据统计，在中等肥力的土壤上，6 月 30 日播种的山宁 2 号比 6 月 15 日播种的减产 10.3%，平均晚播 1 天每亩减产 145kg。在鲁西南地区，适宜播期应在 6 月 20 日以前。

4. 精细播种，确保全苗壮苗

播前对种子进行精选，剔除病、杂、劣粒，要求发芽率在 85% 以上。播种量以粒大小而定，一般每亩 4~5kg。播种要求下种均匀，深浅一致，一般深 4~5cm 为宜。留苗密度视地力、品种、播期而定。一般每亩保苗 1.4 万~1.6 万株。在种植方式上，以宽窄行较为适宜，宽行 37cm 或 40cm，窄行 25cm，既利于通

风透光，又利于田间管理。

5. 合理施肥

氮、磷配合试验结果表明：一是在中等肥力的土壤上，实现亩产量 200kg 以上，每亩施氮 1.5kg 和磷 4kg，氮磷配比 1：2.5 最为经济，比对照增产 37.8%。对于瘦薄地，注意培肥地力。二是对富氮、缺磷土壤（速效磷 10mg/kg 以下）可单施磷肥或加大磷肥比例和用量，以使氮、磷平衡，能显著增产。三是合理施肥有利于结瘤固氮，还能促进难溶磷转化，所以，在确定氮、磷用量时，既要考虑土壤速效磷含量，又要看全磷含量。通常氮肥、氮磷复合肥在开花前开沟侧施为宜；花荚期再每亩喷施 0.1% 钼酸铵或硼砂水溶液 30~35L，隔 7 天喷 1 次，共喷 3 次，可增产 10% 左右。

6. 加强田间管理

菜用大豆是需水时间较长的作物，花荚期适逢雨季。生育期遇旱一定要浇好开花水、结荚水等花荚期土壤最适含水量不低于田间最大持水量的 80%，防治虫害坚持"以防为主、防治结合、综合防治"的方针。

前期重点防治蛴螬、地老虎等地下害虫，中后期重点防治豆荚螟、蚜虫、造桥虫、棉铃虫、豆天蛾等，于发生始期防治。中耕除草在间苗后、封垄前进行，共中耕 2~3 次。后期应注意拔除大草。

第八章 菜用大豆标准及保鲜 贮藏方法

第一节 菜用大豆的标准

一、菜用大豆的采收标准

菜用大豆的采收标准是，播种后 70~90 天，豆粒已充分长大，荚先由绿变黄绿，豆粒饱满而尚保绿色、四周仍带种衣时收获，即豆粒饱满、保持绿色、糖分高、品质好。出粒率 45%~48%，高者 58%。一般而言，开花后 45 天即可采收，傍晚和早晨气温较低，此时采收品质最佳。采收后应迅速分拣，不能堆积，最好用聚乙烯塑料袋封装后置于 0℃ 条件下储藏保鲜，以免营养成分散失、鲜荚失色而影响品质。菜用大豆的品质由品种特性和采收期 2 个主要因素决定。

二、菜用大豆的采种标准

采种时，选无病株的下部荚作种，于多属叶变黄、茎秆干枯、豆荚呈褐色、豆粒干硬已脱离荚按时收获。脱粒后晒干，种子降水量为 12% 左右储藏。南方春播最好用秋季成熟的种子，因其未经长时间储存和高温季节，种子饱满充实，适应性强，种子生命力强。重复种植 3~4 年后会出现退化现象，可采用异地繁殖留种的方法更新复壮。

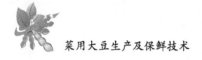

三、专用型菜用大豆出口标准

基本标准是：大荚，荚长大于 4.5cm，荚宽大于 1.3cm，鲜荚每千克不超过 340 个；绒毛白色，种脐无色，粒大。

具体分为 3 个等级。

特等品（一级）：标准为 2 粒荚、3 粒装在 90%以上，荚的形状正常，完全绿色，没有虫伤和斑点。

A 级品（二级）：介于特等品和 B 级品之间的二等品。

B 级品（三级）：二粒荚、三粒荚占 90%以上，荚淡绿色，有 10%以下的虫伤，轻微斑点，并有少许短荚和子粒较小的荚。

这 3 个等级品中不能混有黄色荚、未鼓粒荚和破粒荚，否则，列为次品。

日本菜用大豆的市场要求是：豆荚 4.5cm 长、1.4cm 宽、500g 重的二粒荚鲜荚不超过 175 个，水煮 3 分钟后有甜味。

四、菜用大豆必须具有的性状特征

根据中国台湾、日本市场对菜用大豆品种的要求，必须具有以下性状特征：株高中等（50~60cm），秆强不倒伏，保证豆荚不受损伤，结荚均匀，成熟度一致，绒毛白色或灰色，且披着稀疏，大荚大粒，干籽粒百粒重 30 g 以上，鲜荚每千克不超过 340个荚，鲜籽粒品味柔软糯香。

亚洲蔬菜研究发展中心（AVRDC）认为适合作为菜用大豆的种质应具有如下特征：一是粒大，百粒重不少于 30g；二是荚大，500g 鲜荚包装不超过 175 个荚；三是粒多，每荚粒数应大于 2 个；四是荚和种子的颜色应为浅绿，荚上的绒毛较少且为灰毛；五是灰脐或浅褐脐；六是较好的风味、香味和结构，口味微甜，蒸煮时间较短。

五、菜用大豆标准化生产

菜用大豆标准化生产是农业标准化生产的组成部分，是指按照市场的需要、采用质量标准监控菜用大豆生产的全过程，向消费者提供合乎标准的、高质量的菜豆产品。运用"统一、简化、协调、优化"的原则，对菜用大豆生产的产前、产中、产后全过程进行控制，通过制定和实施标准，促进先进的科技成果和经验迅速推广，达到菜用大豆产品的安全优质的目的。

六、菜用大豆标准化生产的必要性与迫切性

实现菜用大豆标准化生产在现代农业生产中意义重大。

（1）标准化生产是提高菜用大豆品质、增强菜用大豆市场竞争力、进入国际市场的必然选择。我国是菜用大豆生产的主要国家，播种面积和总产量占世界总量的40%。标准化生产是提高我国菜用大豆在国际市场竞争力的需要，要扩大出口，必须推行标准化生产，使产品质量和结构同国际生产标准和市场要求接轨，生产出优质（绿色或者有机食品菜用大豆）、具有国际竞争力的产品，把高质量的菜用大豆产品推向更广阔的市场，经济效益显著提高。

（2）菜用大豆标准化生产可以促进科学技术成果的转化，既增产又降低成本，提高生产的安全性，增加农民的收入。菜用大豆标准化生产的核心是不断把菜用大豆生产新技术、新成果、新材料转化为便于生产者掌握的技术标准和生产模式。菜用大豆生产标准化生产不仅可以推动菜用大豆科研新成果、新技术迅速转化和推广，也有利于更新菜用大豆生产者的观念，改变传统的生产习惯，促进菜用大豆生产向集约型转变，全面提高菜用大豆产业的科技水平。

（3）以菜用大豆标准化统一产、供、销行为，可以带动菜

用大豆产业化、集团化的发展，是实现菜用大豆产业化的可行之路。

（4）菜用大豆标准化生产对于开发地方性优势产品、培育确立优势品牌、促进实施名牌战略和对于农业生产结构的调整都将起到很好的推动作用。

七、菜用大豆标准化生产的现状及存在的问题

（一）菜用大豆标准化生产的现状

菜用大豆标准化生产是指无公害和绿色食品标准化生产。主要要求为：产地环境标准化、生产过程标准化、产品质量标志和产品贮藏运输标准化等。

产地环境条件质量标准是菜用大豆生产标准化的基础，包括土壤环境质量标准、空气质量标准、农田灌溉水质量标准。2002年农业部颁布了无公害蔬菜生产环境质量标准（NY 5010—2002），标准中具体规定了无公害蔬菜生产地块的选择、环境空气质量、灌溉水的质量、土壤环境质量标准及其采样和检验方法。在标准中规定了绿色无公害蔬菜产地应选择在生态条件良好，远离污染源，并具有可持续生产能力的农业生产区域。目前，在我国许多省、直辖市、自治区都非常重视蔬菜安全生产标准问题，制定和颁发了许多蔬菜的无公害生产地方标准，建立了相当规模的无公害、绿色食品蔬菜生产基地，其中菜用大豆就是主产蔬菜之一。菜用大豆生产过程技术标准主要指在生产中从品种选择、种子质量控制、播种育苗及定植到田间后的水肥管理、病虫害防治、产品采收等全部过程都要符合特定标准，并按照标准生产符合要求的优质菜用大豆产品的过程。

菜用大豆的质量标准包括果实的感官质量标准、营养质量标准和卫生质量标准等几个方面。

（二）菜用大豆标准化生产存在的问题与解决措施

1. 主要问题

目前我国菜用大豆标准化生产存在的主要问题如下。

（1）我国尚有相当一部分人对无公害、绿色食品、有机蔬菜消费认识不清，没有形成内在的绿色安全消费的需求和庞大的绿色安全消费市场。

（2）多数蔬菜生产者的生产观念落后，对标准化生产缺乏足够的认识，尤其是对于无公害或者绿色食品蔬菜产品在市场的竞争力和市场发展趋势更是认识不足。

（3）蔬菜标准化生产体系在实施过程中还存在许多问题需进一步完善。

2. 解决措施

就目前菜用大豆标准化生产中存在的问题，应从以下几个方面入手加以解决。

（1）加强农业环境综合治理，创建优良的无公害菜用大豆生产基地建立无公害菜用大豆生产基地，应选择交通方便、地势平坦、富含有机质排灌条件良好的地区，并切实防止环境污染，包括防止大气、水质、土壤污染，防止城市生活垃圾、粉尘和农药、化肥等方面的污染。同时，对酸雨的为害也需有所预防。

（2）加强菜用大豆标准化生产的宣传。农业标准化在国外已推行多年，在我国才刚刚起步，广大从业人员包括农业系统的领导和技术人员对此知之甚少。要通过多种形式及各种渠道，利用各种媒体、加大宣传力度，并举办各种类型的培训班，使广大从业人员懂得什么是标准化，为什么要搞标准化，怎样按标准化进行生产。目前，普及菜用大豆标准化生产有一定难度多数生产者为降低生产成本固守自己的传统生产方式，也会影响到标准化生产的实施。菜用大豆生产标准化技术应该按照相关的标准要

求，结合生产实际编制出简化、统一、通俗易懂的生产标准，便于农民接受。

（3）推行菜用大豆标准化生产是提高菜农素质、增加生产效益、拓宽菜农增收渠道的重要举措加快农业发展，科技是支撑，农民素质是基础。面对市场需求的新变化、科技进步的新形势，现实中相对较低的农民素质已经成为农业发展上档次上水平的重大制约因素。推行农业标准化的过程，说到底，就是推广普及农业新技术、新成果的过程，是培训教育农民学科学、用技术的过程。把科技的进步、科研的成果，规范为农民便于接受、易于掌握的技术标准和生产模式，不仅为科技成果转化成现实生产力提供了有效途径，而且对于更新农民观念、改变传统生产习惯和促进农业经营由粗放走向集约、由单纯重数量走向数量质量并重意义重大。用多头推行菜用大豆生产标准化，既能推动菜用大豆良种化、设施化、科学化水平的提高，又能促进菜用大豆生产向规模化、产业化、外向化的方向发展；既有利于提高菜用大豆产品的质量品质，又有利于提高菜用大豆生产的效益，最终必然会带来农业整体素质的提高和市场竞争力的显著增强。同时，通过推行菜用大豆标准化生产，可以帮助农民群众更好地了解市场信息，自觉增强质量品牌意识，积极发展特优新菜用大豆产品生产，不断开辟新的增收门路和办法。从这些意义上讲，抓住了菜用大豆生产标准化，就是抓住了菜农素质提高和农业增效、农民增收的关键。

（4）推行菜用大豆生产标准化是改善生态环境、实现可持续发展的有效途径由于缺乏科学指导和严格控制，目前在我国因工业排放造成的污染和城乡生活废弃物造成的污染已相当严重。特别是菜用大豆生产地大多在城市的周边，菜用大田是工业污染和城乡生活污染的首要受害者。再者，农业生产中滥用农药、化肥等现象比较普遍，不仅影响了人民群众的身体健康，而且造成同源污染，影响到土壤、水体，破坏了人类赖以生存发展的生态环境。如已经禁用的滴滴涕，能在水土中存留几十年而不被降解，科学家在南极企鹅的体内分离到了该农药的成分，像这样明令禁止多年的高残留农药，至今在个别地方还在非法生产和使用。解决类似的问题，除了加强教育和严格执法以外，根本性的措施就是通过推行农业标准化，不断提高农民科学用药、用肥及规范生产管理的自觉性，促进经济社会、生态的协调发展。因此，推行菜用大豆生产标准化，不单纯是一项追求现实经济效益的生产措施，也是一项保护生态环境、维持长远发展的利在当代、惠及子孙的公益事业，具有重大的社会意义。

（5）制定和实施标准化菜用大豆生产技术规程。按照国家标准和农业行业标准，结合生产地的具体情况制定标准化生产技术规程。在生产中严格按照技术规程操作，把标准化生产技术测土配方施肥技术、病虫害综合防治技术等组装配套。将标准化生产作为菜用大豆产业发展的关键性措施，使之贯穿于整个菜用大豆产业的产前、产中和产后服务中。同时，强化产品认证，积极打造品牌，提高品牌知名度，增强市场竞争力，能对推动农业产业结构调整和增加农民收入起到重要作用。

（6）加强和改善菜用大豆生产中的农艺措施。

①选用良种，培育无病虫害壮苗：

第一，选用抗逆性强及抗、耐病虫为害的优良菜用大豆品种这是取得菜用大豆优质高产的有效途径。

第二，育苗场地可选用阳畦、暖窖、大棚、日光温室和电热温床等。选择好育苗场所后，根据菜苗的种类、育苗的数量、苗期病害等情况合理配制营养土。配制菜用大豆育苗的营养土，一般选用3年以上未种过同类作物的大田土与腐熟的有机肥料、草木灰及高效低毒、低残留的杀菌剂按一定比例混配在一起。大田土一般占3/5，腐熟的有机肥及其他占2/5。把苗床浇透水，用

2/3 混配土铺在床面上，播种后再将其余的 1/3 混配土覆盖在上面。对一些种子贵重的新品种育苗，可采用护根育苗法，即用营养钵、营养盘等育苗。播种覆土后，为防止上层土蒸干，在上面要覆盖地膜；夏日防高温灼伤幼芽，可在地膜上覆盖一层麦秸或树叶，待 50% 的幼芽顶出土面，要及时揭去上面的地膜。齐苗后，要及时通风炼苗，拔除病弱苗，以增强抗病性、抗逆性和丰产性。苗长至合适的苗龄时要及时移栽。

②及时定植，合理施肥：

第一，根据菜用大豆的种类、品种特性，及时定植，合理密植，创造一个既有利于个体生长又有利于群体生长的环境，使之抗病、高产的潜力得到充分发挥。

第二，在施肥方面，无公害菜用大豆的施肥原则是：以有机肥为主、化肥为辅，允许有条件限量使用化肥。要根据菜用大豆的需肥规律、土壤供肥情况和肥料效应，实行平衡施肥，最大程度保持土壤养分平衡和土壤肥力的提高，减少肥料成分的流失对农产品和环境造成的污染。

发展无公害菜用大豆允许使用的有机肥有：堆肥、沤肥、人粪尿、厩肥、沼气肥、绿肥饼肥、腐殖酸类肥料、蚯蚓粪肥。

允许使用的化肥有：氮肥，包括碳铵、尿素、硫铵等；磷肥，包括过磷酸钙、磷矿粉、钙镁磷肥等；钾肥，包括硫酸钾、氯化钾等；复合肥，包括磷酸一铵、磷酸二铵、磷酸二氢钾、氮磷钾复合肥、配方肥类；微肥类，包括硫酸锌硫酸锰、硫酸铜、硫酸亚铁、硼砂、硼酸、铜酸铵等。

允许使用的叶面肥料是国家正式登记的产品。

允许使用的微生物肥料有根瘤菌肥料、固氮菌肥料、磷细菌肥料、硅酸盐细菌肥料、复合微生物肥料等。

其他商品肥料及新型肥料必须经过国家有关部门登记认证及生产许可、质量达到国家有关标准要求方可使用。施肥后造成土壤污染、水源污染，产品达不到质量标准或影响菜用大豆生长时，要停止施用该肥，并向专门管理机构报告。

无公害菜用大豆生产的施肥还要做到化肥与有机肥配合施用，有机氮与无机氮的比例以 1∶1 最好。不得施用硝态氮肥和含硝态氮的复合肥、复混肥等，禁止施用城市、医院、工业区等有害垃圾、污泥、污水等。提倡施用长效化肥，如涂层尿素包膜尿素、长效碳铵等。除秸秆还田和绿肥翻压外，其他有机肥料应做到无害化处理和充分腐熟后施用。

注重培肥土壤。目前，种植菜用大豆的田块，其土壤有机质含量较低，为尽快培肥土壤、防止土壤板结和盐碱化，提倡菜用大豆田施用充分腐熟的农家肥，最好每亩施用 10 000kg 以上，以保障菜用大豆全生育期对养分的需要。在施肥中，基肥与追肥要配合施用，并适当增施磷肥、钾肥，控制氮肥的用量。同时，要积极推广配方施肥，有针对性地施用各种菜用大豆专用肥。

应用新技术 推广菜用大豆的垄作和高畦栽培，不仅能有效调节土壤温度、湿度，而且有利于改善光照、通风和灌排水条件。保护地蔬菜生产要推广膜下暗灌、滴灌、渗灌；露地蔬菜生产要推广喷灌，严禁大水漫灌。这样，不仅可以节约用水，而且还可降低菜田的湿度，减少病害发生。对于菜用大豆棚室内温、湿度的调节，要实行通顶风或腰风，不通地风。要保持覆膜的清洁，以利于透光。施药时，要用粉尘和烟剂代替喷雾，以降低湿度。对于越夏生产的菜用大豆，应采用遮阳网、防虫网，以减少光照强度和害虫为害。有条件的地区，可推广应用无土栽培技术。特别是有机轻基质无土栽培技术成本低、操作简便，生产的菜用大豆不仅无毒无污染，而且优质高产，同时，也为工厂化生产菜用大豆开辟了途径。

优先采用农业与生物防治措施，严格控制化学防治措施 无公害菜用大豆生产的病虫害防治，在"预防为主、综合防治"

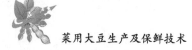

的植保方针指导下，以生产无公害菜用大豆为目标，优先采用农业与生物防治措施，科学使用化学农药，协调各项防治技术；发挥综合效益，把病虫害控制在经济允许的水平以下，并保证农产品农药残留量低于国家允许标准的病虫害防治技术体系。主要防治措施包括农业防治、生物防治、物理防治、营养防治生态防治、药剂防治。

农业防治：包括因地制宜选用抗病虫品种，培育无菌壮苗；有计划地轮作倒茬，合理间作套种，实行深耕、深翻 20cm 以上；晒垡，调整播种期与收获期，避开病虫害为害高峰；清除菜园内的初生病叶，拔除病株，将病残植株体带出田外焚烧或深埋。

生物防治：利用自然天敌防治害虫。如利用丽蚜小蜂防治温室白粉虱，利用七星瓢虫、草蛉防治蚜虫、螨类。

化学防治：利用微生物类农药（如苏云金杆菌、菜青虫颗粒体病毒制剂等）、抗生素类农药（如农用链霉素、新植霉素、阿维菌素杀螨剂等）及生化农药（如昆虫生长调节剂等）防治病虫害。正确使用农药，严格控制化学防治措施，是无公害菜用大豆生产的关键问题。目前，完全不用农药、植物激素和化肥还难以做到，但必须严格控制使用，确保菜用大豆产品有毒残留物质不超过国家规定标准。

严格检测菜用大豆产品　在无公害菜用大豆产品上市销售前，必须按国家规定的有关标准进行抽样检测。在严禁使用剧毒农药的前提下，对低毒少残留的农药或部分重金属及硝酸盐的残留含量必须进行化验测定，完全符合标准的才可称为无公害蔬菜。

第二节　菜用大豆的速冻贮藏

菜用大豆质地松嫩，口味较甜和较好的风味，富含高营养的蛋白质、多种游离氨基酸和维生素以及低含量的胰蛋白酶抑制剂、肌醇六磷酸和低聚糖，较易被人体吸收利用，对调节人们膳食结构和改善营养状况具有重要作用。目前，菜用大豆因为营养丰富，农药化肥污染较少等特点，成为深受我国和东南亚各国人民的喜爱的绿色蔬菜。我国对菜用大豆的开发与利用日趋重视，日本、韩国和我国的台湾等地对鲜食菜用大豆的需求量也不断扩大，同时，菜用大豆也受到了西方国家，如美国、新西兰、澳大利亚和欧洲国家的青睐。

菜用大豆属于幼嫩器官，采摘之后易发生失水、黄化、硬度提高，使感官品质、口味以及营养价值都大大地劣变。而且菜用大豆的采摘期集中在6—10月，此时气温较高，菜用大豆在采后易受病菌为害，发生褐斑病、黑斑病等，甚至造成腐烂，严重影响菜用大豆的商品性和食用价值，因而菜用大豆极不耐贮藏。国内外有关菜用大豆贮藏保鲜的相关报道较少，随着产量不断升高和市场的逐渐扩大，菜用大豆采后的保鲜处理成为延长期保质期的重要途径，越来越受到业内的关注。

一、菜用大豆的保鲜特点

菜用大豆是生命的有机体，从收获后会发生一系列的复杂变化，内部一直不停地进行着生理活动，里面的胚和糊粉层都存在各种水解酶，例如蛋白质水解酶，脂肪水解酶，淀粉酶，果胶酶，呼吸系统的酶类等，这些生物化学反应和生理活动都很活跃，将直接影响采后的保鲜功效。因此，在菜用大豆保鲜过程中首先需要考虑的抑制酶的活性，以避免内部的营养物质损失和变坏。

同时，有生命的菜用大豆籽粒从不间断呼吸作用，即不断地吸收氧气，排出二氧化碳和水，期间产生热量，兼顾发生蒸腾行为。呼吸作用时由呼吸酶的作用引起细胞营养成分的氧化和分解而被消耗的过程。在此过程中，受到氧化消耗的是籽粒中糖分，脂肪，增加了水分，升高了温度。强烈的呼吸作用和蒸腾作用不但会使内部酶活性增强，使得酸价增高，还会促进各种微生物如真菌，细菌，酵母菌等的繁殖，致使菜用大豆在保鲜过程中霉变，变色，产生毒素。因此，实现菜用大豆保鲜的另一个途径是维持其最微弱的呼吸作用，控制条件，防止质变，维持新鲜度，主要包含3个主要因素：水分含量，温度和环境气体。菜用大豆的发芽活动是在重复的水分和氧气环境条件下，在一定的温度下，籽粒的坏部和糊粉层的活细胞中的各种酶，特别是水解酶活性的增强，引起子叶细胞中各种营养成分的分解，由胚吸收水解产物而开始萌发的。因此，抑制菜用大豆的发芽也是一种重要的保鲜手段。下面将从冷藏、涂膜、防腐和气调等几个方面展开叙述菜用大豆的保鲜加工技术。

二、鲜食菜用大豆速冻储藏工艺

鲜食菜用大豆速冻储藏原理是鲜食菜用大豆速冻时其中的水分变成固态的冰晶结构，可以有效地抑制微生物的活动和酶的活性，从而延缓鲜食菜用大豆色泽、风味、品质和营养的变化，使产品得以长期保存。

菜用大豆采摘后，在冷冻处理前的加工处理包括：选料→洗涤→烫漂→冷却→沥干→速冻→包装→贮藏→解冻，每个环节操作不当都会影响果蔬冻结质量。现详细描述如下。

1. 选料

选用成熟度已达到鲜食、速冻储藏要求，水分含量低，采收时豆荚成熟度为 7~8 成熟，以豆荚粒圆、粒大，色泽深绿为标准。荚大小要适中、均匀，新鲜完整，无病虫害、无机械损伤，要剔除不符合标准的虫荚、病荚、断荚及过嫩、过老荚。

2. 洗涤

用 0.5%~10% 盐酸溶液或 0.1% 高锰酸钾溶液，常温下将豆荚浸泡 6~8 分钟，再用清水洗去化学药品。

3. 烫漂

烫漂用水的温度为 95~100℃，时间为 1~2 分钟，每次投入的豆荚量与水量之比掌握在 1∶3 为宜，水的 pH 值在 6.5~7.0，在烫漂中要不断搅拌，使豆荚受热迅速而均匀，注意煮烫时间过短虽然色泽鲜绿，但风味劣差，煮烫时间过长，风味独特，但豆荚的色泽偏黄，影响其色泽。漂洗的主要目的是破坏细胞内多酚氧化酶的活性，抑制酶促褐变，杀死表面附着的部分微生物，同时，赶走细胞内空气，使细胞收缩，确保固形物含量，增加弹性，减少脆性，便于包装。传统热漂烫由于处理极易过度在食品感官和营养保留方面难以达到要求，为了保持果蔬中营养物质以及最大限度维持果实色、香、味等品质，出现了新的烫漂方法，如微波漂烫、欧姆漂烫、超声波辅热处理（声热处理）、压热声处理（超声波、超高压协同热处理）等。

4. 冷却

烫漂后要迅速将豆荚捞出并放入 4~5℃ 的冷水中快速冷却，使温度降至 10~12℃，防止余热对鲜食菜用大豆品质和营养的破坏，冷却用水要清洁干净，及时更换，防止污染。也可用冷水喷淋或冷空气吹风等冷却方式。

5. 沥干

菜用大豆表面常附有一定水分，这部分水分若不除去，在速冻时，鲜食菜用大豆之间相互粘连在冻结设备上，易形成块状，既不利于快速冻结，又不利于冻后包装。在速冻前需用离心甩干或振动筛沥干，也可捞入竹筐或塑料筐内自然风干。

6. 速冻

沥干后的鲜食菜用大豆立即装入冻结盘，在冻结设备中迅速冻结。在-35~25℃的低温条件下，短时间内迅速均匀地冻结，使菜用大豆体内的水形成细小的晶体，而又不致损伤细胞组织。

7. 包装

包装可以有效地控制速冻鲜食菜用大豆在长期储藏过程中体内冰晶升华，防止鲜食菜用大豆接触空气而氧化变色，而且便于运输、销售和食用。用聚乙烯塑料薄膜进行包装，薄膜厚度以0.06mm为宜，包装规格可按供应对象来确定，可装成0.5~1.0kg/袋，同时，进行装箱，放入与冻结温度相接近的低温冷藏库中保存。

8. 冻藏

速冻毛豆必须存放于冻菜专用冷藏库内，冷藏温度-25~20℃，温度波动范围±1℃，相对湿度95%~100%，波动范围5%以内，冷藏温度要稳定、少变动。冷藏温度和冻结毛豆温度要保持基本一致。如果冷藏库温度经常上下变动过大，会使毛豆细胞中原来快速冻结所形成的微小冰晶体，在温度上升时反复溶化产生重结晶，使微小冰晶体结构破坏，慢慢又形成大的冰晶体，使冻品失去原来速冻的优点，造成品质下降。

9. 解冻

速冻鲜食菜用大豆食用前要经过解冻复原，解冻后立即食用。可以在冰箱中、室温下及在冷水或温水中进行解冻；也可用射频加热的方法迅速而均匀地解冻，解冻后的鲜食菜用大豆不能再进行冻结储藏。

三、鲜食菜用大豆的速冻方法

低温能降低豆荚贮藏期间的呼吸强度和蒸腾失水，减少腐烂发生，延缓豆荚的衰老和品质下降，延长贮藏寿命。同时，低温能够有效地防止微生物和害虫的侵蚀，使菜用大豆处于休眠状态。温度在10℃以下，害虫及微生物基本停止繁殖，8℃以下呈昏迷状态，当达到0℃以下，能使害虫致死。低温储藏是通过隔热和降温两种手段来实现的，除冬季可利用自然通风降温以外，一般需要在仓房内设置隔墙，隔热材料隔热，并附设制冷设备。

1. 空气鼓风冷冻

空气鼓风冷冻方法所用的介质是低温空气。常见的鼓风冻结隧道，主要有下列2种形式。

第一，对集装食品，被冷冻的食品装在小车上推进隧道，在隧道中被古今的低温空气冷却、冻结后在推出隧道。主要用于产量小于200kg/小时的场合。目前所用的低温气流，流速为2～3m/s；温度为-45℃～-35℃，其相应制冷系统蒸发器温度为-52℃～-42℃。食品在隧道中停留的时间，对包装食品为1～4小时，对较厚食品为6～12小时。被冷却的食品也可以用传送带输入隧道，食品在传送带上连续进出。食品可以是包装好的，也可以是散装的，传送带上由许多个小孔，冷空气由小孔吹响食品。对于已经包装好的食品，此类冻结机也可以做成螺旋式，被称为螺旋式冻结装置。

第二，对于散装的食品，食品被冷风吹西悬浮在传送带的上空，能得到很好的冷却与冻结，此种方法又称为流态化冻结装置。此法的产量可以很大，冻结时间很短，一般只有几分钟，可以达到单体快速冻结。

2. 直接接触冷冻

直接接触冷冻又称为板式冻结，此种方法采用低温金属板

（冷板）为蒸发器，内部是制冷工质直接蒸发，也可以是载冷剂，如盐汽水等，食品与冷板之间接触进行冻结。对于-35℃的冷板，一般食品的冻结速度约为25mm/小时。

3. 利用低温工质对食品的喷淋冷冻

利用低温 CO_2 和液氮对食品的喷淋冷冻，由于 CO_2 和液氮的正常沸点都很低，分别为-78℃和-196℃，所以被称为低温冻结，由于此法的传热效率很高，初期投资很低，可以达到快速冻结的目的，但运行费用较高。

4. 浸渍冻结

浸渍冻结将盐水、乙二醇溶液等冷媒在低温下浸渍或洒布在食品上使之冻结，与鼓风冻结法相比，浸渍冻结法能使冻结时间大为缩短。对于菜用大豆等柔软多水的食品原料，浸渍冻结可以抑制其冻结变性，从而保持口感。

山西省农业科学院玉米研究所的樊智翔采用速冻工艺储藏晋豆38号，采用的工艺流程为：原料选择→清洗→开水煮烫→冷却→沥水→速冻→包装→封口→装箱→成品冷藏。结果表明，晋豆38号速冻加工工艺，能有效地保证其品种的品质特征和风味特性，产品色泽均匀一致，为菜用大豆的自然绿色；质地脆嫩，豆荚的表皮完整，无破裂或脱落；产品具有菜用大豆特有之香味，营养成分稳定、风味独特、口感好，保鲜期达6~8个月。

5. 其他冷冻技术

为了进一步改善固体食品的微观结构，减少其在冷冻过程中的损伤，提高食品品质，目前出现了新型冷冻加工技术，如超声波辅助冷冻、压力移动冻结、均温冻结（HPF法）、冰核活性细菌的冷冻技术等。其中，超声波冻结技术因其具有空穴效应而强化传热传质，促进成核，加速冻结，对食品冻结过程有显著的改善作用，成为在菜用大豆保鲜技术最有应用潜力的一种新型冻结技术。超声波空穴效应产生的微气泡可以作为水非均相成核的晶核，改变了食品中水成核温度；促进冰晶快速成核；降低食品过冷度。这种成核技术与其他成核技术相比作用更直接，无需与样品接触，不会污染样品等优点。许韩山超声波辅助浸渍冻结处理缩短了菜用大豆仁冷冻时间，提高了菜用大豆仁的含水量和质构（硬度）等物理指标，显著降低了菜用大豆仁组织细胞受冰晶的机械损伤程度，菜用大豆仁细胞结构保持完好，从而改善了菜用大豆仁品质，对于改善冻品质量具有十分重要的意义。

第三节　菜用大豆的冷藏保鲜

菜用大豆是喜温蔬菜。冬、春季节我国北方单靠温室栽培，技术条件要求严格，且投入大、成本高，很难满足市场需求，造成淡、旺季价格差异非常大。贮藏是调节菜豆市场供应的有效手段之一，特别是对秋季延后栽培的菜豆，采用一些简易保鲜的贮藏方法，不但自然损耗少、成本低、操作简便，而且可延长供货期，缓解市场供求矛盾，提高价格，增加产值，对调节蔬菜种类、改善淡季蔬菜供应方面具有十分重要的意义。

菜用大豆较难贮藏，主要原因是在贮藏中表皮易出现褐斑，俗称"锈斑"。菜用大豆采收后，豆荚易失水萎蔫、褪绿呈革质化。由于物质转移快，会使豆粒迅速臌大、豆荚老化，食用品质降低，具有明显的后熟作用。果皮易产生锈斑，影响菜用大豆的品质，严重时会失去食用价值。

一、菜用大豆的冷藏条件

1. 品种的选择

菜用大豆采摘后储藏期的长短直接影响其市场辐射范围及市场占有期的长短，且与经济效益、外观品质密切相关。不同品种

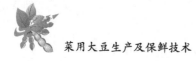

其耐储性差异很大，绿皮品种其耐储性较好，而黄皮品种一般不耐储。因此，菜用大豆的选育应以种皮绿色为主，菜用大豆在不同储藏包装条件下影响其新鲜程度。合理地选择菜用大豆品种，也是贮藏的关键。在品种的选择上，要选择抗病性强、纤维少、荚嫩肉厚、品质好、商品性好的品种。

2. 适时采收

采收的时间直接影响到菜用大豆的耐贮性，一般在豆荚刚长成、豆粒膨大至中等、荚壁未硬化时即可采收。若采收过晚，纤维增多，品质降低；采收过早，组织嫩不耐贮藏。

3. 适宜的湿度环境

菜用大豆贮藏适宜的空气相对湿度为95%，保持高湿（空气相对湿度90%~95%）有助于豆荚的保鲜和保绿。

4. 适宜的温度条件

在对冷害的敏感性方面，菜用大豆常因温度过低造成冷害，虽然不同品种间存在一定差异，但适宜的贮藏温度是控制菜用大豆贮藏中锈斑和腐烂的重要前提。据试验，菜用大豆一般在0~1℃下超过2天，29~4℃下超过4天，4~7℃下超过12天，都会发生严重的冷害。受了低温冷害的菜用大豆若在高温环境下1~2天，表面就会产生凹陷和锈斑等变化。因此，菜用大豆在贮藏中应该避免较长时间放置在8℃以下的低温环境中。8℃是抑制锈斑发生的临界温度。低于此临界温度，锈斑重。温度与锈斑呈高度负相关关系。在此临界温度以上，温度与锈斑发生不再呈现相关，而与腐烂呈高度正相关。因而，如使菜用大豆贮藏期至30天以上，8~10℃是既能控制锈斑发生，同时，又能抑制腐烂的适宜贮藏温度。因此，菜用大豆贮藏适宜的温度为8~10℃。贮藏温度低于8℃时，豆荚容易发生冷害；贮藏温度高于10℃以上时，易老化和腐烂。

二、菜用大豆的冷藏方法

1. 自然贮藏

下霜前选择不老不嫩的菜用大豆，立即进行预冷，除去田间热，装入筐中，每筐装 15kg 豆荚为宜，筐顶上覆盖一层纸。包装好的菜用大豆入库码成垛，每垛 40~50 筐，然后在垛上覆盖蒲席或塑料薄膜，防止水分散失。库内温度保持在 4~6℃，空气相对湿度 80%~90%，在这样条件下，可以贮存保鲜 1 个月左右。用于贮藏的菜豆，最好选择纤维少、不易老化和豆荚肉厚、耐热、耐病性强的品种。

2. 水窖贮藏

先在贮藏架上铺一层苇席，四周再用苇席围起，将菜用大豆摆放在里面。菜用大豆的摆放厚度一般为 30~40cm，每隔 1~1.2m 竖放一个用苇帘卷成的或竹子编成的通气筒，以利于通风散热。菜用大豆表面应盖湿蒲席等，每隔 5~7 天翻动 1 次。

3. 通风窖贮藏

菜用大豆装入荆条筐或塑料筐中入窖贮藏。为了防止水分散失，可先用塑料薄膜垫在筐底及四周，塑料薄膜应长出筐边，以便装好菜用大豆后能折回将豆盖住。在菜筐四周的塑料薄膜上打 20~30 个直径为 0.5cm 左右的小孔，小孔的分布要均匀。在菜筐中间放 2 个竹子编成的直径为 5cm 的圆柱形通气筒，以利于气体交换，防止二氧化碳过多积累。每筐菜豆约装八成满，通气筒约露出菜豆 3cm。装好筐后放在菜架上。

菜用大豆入窖初期要注意通风，调节窖内温度，使窖温控制在 8~10℃，一般是夜间通风降温，白天关闭闭通风口。如菜筐内菜用大豆的温度高于窖温，应打开塑料薄膜通风散热。每隔 4~5 天对菜豆进行 1 次检查，贮藏 15 天以后则须天天查看发现问题及时处理。

4. 冷库贮藏

将菜用大豆装筐进行预冷处理后入冷库，在库温 8～10℃、空气相对湿度 95% 的条件下进行贮藏。贮藏中要注意通风换气，防止二氧化碳浓度过高而引起菜豆中毒。

5. 运输储藏

豆荚的运输应保证在低温下进行，使用冷藏车或冷藏集装箱运输时，要在装车前将温度降至 5℃，装卸速度越快越好。为了使温度一致，全部达到（5±0.5）℃，预冷后包装好的产品在等待外运期间要在冷库中贮藏 1～2 天。出口包装应选用防水纸箱或塑料箱，箱内需用微孔薄膜作为内包装用品。为了保持运输中的低温环境，应该采用冷藏车，如果采用保温车，则需在包装箱内加碎冰包装（顶部），加冰量占货物总重量的 1/5。冰块用厚度为 0.05mm 以上的聚乙烯薄膜包装，袋口封好，严禁漏水。加冰最好在启运前进行。

就常温、冷冻及真空预冷 3 种储藏条件对菜用大豆品质的影响而言，一般认为以真空预冷储藏条件为好；无包装与聚乙烯包装相比，以聚乙烯包装的保鲜性好，其外观不易变黄，品质好。钱冬梅详细研究了去荚条件下的储藏期限，指出储藏期限的品质标准：豆粒饱满，1/3 以上的豆粒表面呈绿色，无黑色斑点；可溶性固形物和硬度变化不超过原始数据的 1.08 倍，失重率少于 6.16%。根据这一标准，去荚菜用大豆在不同储藏条件下储藏期限为：2～4℃薄膜包装为 8 天，不包装为 4 天；18～20℃薄膜包装为 2 天，不包装少于 2 天；28～30℃薄膜包装和不包装均少于 2 天。苏新国等比较了采后鲜菜用大豆在不同温度下，衰老和品质主要指标的变化。发现在 1℃时，鲜菜用大豆的呼吸强度和蒸腾失水量最小，而且能维持较低的膜透性、MDA 含量和较高的叶绿素、维生素 C 及还原糖含量，增加了贮藏寿命和延迟了豆荚衰老。

第四节　菜用大豆的气调保鲜

气调贮藏是在冷藏的基础上，利用适当的包装材料及包装方法改变储藏环境条件，降低环境气体中氧的含量，适当改变二氧化碳和氮气的组成比例，使贮藏环境中二氧化碳浓度增加和氧气浓度降低，以及根据需要调节其气体成分浓度，并维持气体的动态平衡，从而达到降低果蔬呼吸作用以减少营养物质的消耗的目的，影响气调保鲜的主要有如下4个因素。

一是低温条件。气调包装一般与冷藏保鲜结合使用，因为温度是最重要的贮藏环境条件，它既影响果蔬的各种生理生化过程，又影响微生物的活动；温度还同其他环境条件有着密切关系，所以，在贮藏保鲜中总是首先注意温度的控制。

二是湿度条件。贮藏环境中相对湿度的高低一方面影响到果蔬的蒸腾作用。

三是微生物条件。温度和湿度影响，环境中微生物的活动将直接影响食品安全。因此，在实际控制气调条件时，应全面温湿度和微生物条件的影响。

四是气体组分。空气的组成对果蔬贮藏产生较大的影响，正常大气中约含氧21%、二氧化碳0.03%及氮78%，其他成分不足1%。改变空气的组成、适当降低氧的分压或适当增高二氧化碳的分压，都有抑制植物体呼吸强度、延缓后熟老化过程、阻止水分蒸发、抑制微生物活动等作用。同时，控制氧和二氧化碳两者的含量可以获得更好的效果。

气调保鲜工艺

1. 氮气保鲜工艺

用消过毒的筐，内垫蒲包，每筐装15kg豆荚，约占筐容积

50%。筐外套上 0.1mm 厚的聚乙烯塑料袋，袋子要有换气孔，袋口用绳子扎紧密封。输入工业氮气降低筐内氧含量，使氧含量从 21% 降低到 5% 为止。如氧含量低于 2% 时，从气孔放入空气使氧含量达到 5%；如二氧化碳含量超过 5% 时，充氮气调节到 1%。库房温度保持在 10℃ 左右。在这种条件下可保鲜 30 ~ 50 天。

2. 二氧化碳保鲜工艺

菜用大豆是对二氧化碳较为敏感的蔬菜，二氧化碳过量积累也是导致锈斑发生的重要因素。当贮藏室空气中二氧化碳含量在 1% ~ 2% 时，对锈斑产生有一定的抑制作用；二氧化碳含量超过 2% 时，会使菜用大豆锈斑增多，甚至发生二氧化碳中毒。因而，菜用大豆贮藏时，贮藏环境的二氧化碳浓度应小于 2%。

菜用大豆呼吸强度较高，贮藏中容易发热和造成二氧化碳伤害，应特别注意菜堆或菜筐内部的通风散热，以免造成老化和锈斑增多。所以，菜用大豆堆或菜筐中必须设有通气孔，在筐内或塑料袋内还可放入适量的消石灰，以吸收二氧化碳。季旭东通过试验验证，当贮藏时控制 O_2 含量为 4% ~ 6%，CO_2 含量为 5% ~ 7%，湿度保持在 85% ~ 90% 时，鲜毛豆可保存 2 ~ 3 个月。不同薄膜对不同气体的透过率不一样，这与薄膜的结构成分和厚度有关，常用薄膜对二氧化碳透过量，如表 8-1 所示。在包装呼气强度较高的菜用大豆时应选择透过率比较高的包装材料，以便及时散失内部多余的二氧化碳。

表 8-1　各种薄膜的二氧化碳透过量（厚 30μm）

薄膜种类	0.1MPa 下透过量 $[g/(25\mu m^2 \cdot 24h)]$	薄膜种类	0.1MPa 下透过量 $[g/(25\mu m^2 \cdot 24h)]$
聚乙烯醇树脂（维尼龙）	0.02	聚酯 防水玻璃纸	0.2 0.1 ~ 0.5

（续表）

薄膜种类	0.1MPa 下透过量 $[g/(25\mu m^2 \cdot 24h)]$	薄膜种类	0.1MPa 下透过量 $[g/(25\mu m^2 \cdot 24h)]$
偏二氯乙烯	0.1	聚乙烯	70~80
聚酰（尼龙）	0.1	聚丙烯	25~35

3. 包装膜的气调保鲜

可将菜用大豆用微孔膜或塑料浅盘做成的小包装形式进行包装，如果薄膜的透气性不能满足要求时，应该在塑料袋和黏着膜上打几个直径为 5~8mm 的孔，以利于换气。在低温货架上销售时也应考虑包装膜的整体透气率，因为除了因生理生化过程产生的二氧化碳，体系中多余的水汽应及时的保持，以维持较高的新鲜度，常用薄膜的透气率，如表 8-2 所示。随着食品保藏技术的进步，气调贮藏已经被公认为是贮藏中最为理想的技术手段。

表8-2　常用保鲜膜的透气率
各种薄膜的透气性与透湿性（20℃，RH65%）

薄膜	气体通过率$[g/(cm^2 \cdot 24h)]$			透湿量 $[g/(cm^2 \cdot 24h)]$
	N_2	O_2	CO	
聚氯乙烯	0.14~0.18	0.16~0.19	3.1~4.2	5~6
聚乙烯	1.90	5.50	25.20	24~28
聚乙烯	0.27	0.83	3.70	10~25
聚丙烯	0.70	1.30	3.70	8~12
聚偏二氯乙烯	0.00094	0.0053	0.229	1~2

在薄膜的包装方面，相关的研究已开始，但应用较少。徐磊通过研究发现，将鲜毛豆装入聚乙烯塑料薄膜袋中，加入一定量的消石灰和克霉灵后，贮存在 8~10 ℃的恒温库中，将袋内 O_2 含

量控制在 2%~5%，而且 CO_2 含量低于 2% 时，可以有效延迟鲜毛豆的豆荚变黄，贮藏 60 天且好荚率在 90% 左右。荆红彭等对 0℃、4℃、9℃ 冰温库中鲜菜用大豆的腐烂率和失重率进行比较，发现鲜菜用大豆使用 0.025mm 的微孔薄膜袋保鲜贮藏，在 0℃ 的冰温库中的贮存时间最长，且鲜毛豆微孔膜包装内 O_2 含量最低为 17%，CO_2 含量为 1.15%~4.53% 时，菜用大豆未出现明显失水和腐烂现象。将菜用大豆 10~15kg 装入垫有蒲席的筐（筐与蒲席事先用 0.1% 漂白粉水刷洗并晾干），然后用 0.1mm 厚的聚乙烯塑料薄膜套在筐外，薄膜上留有气孔，袋口的端左右两个角各放 0.25kg 消石灰，并用绳子扎紧。用氮气将氧含量降到 5%，每日用仪器测定袋中氧气和二氧化碳的含量。如果氧气含量低于 2%，须从气孔充入空气使之升到 5%；如果二氧化碳含量高于 5%，须解开消石灰袋，抖出消石灰，使之进入筐外的底部以吸收多余的二氧化碳，控制筐内的氧气和和二氧化碳含量保持在 2%~4%。如库温比较恒定地保持在 12~15℃，袋的内壁不出现水汽，菜用大豆可贮藏 30~50 天；如果袋内有水汽，菜用大豆会出现锈斑，但种子并不长大，豆荚也不会纤维化。在良好的控温库中，采用塑料袋小包装气调贮藏菜豆，贮藏期长达 60 天。

4. 无滴膜帐气调

以无滴膜制作贮藏帐，帐的大小因贮量而定，一般每帐贮藏 200kg 为宜，帐内用消过毒的竹竿作支撑。帐面上焊接硅窗调气口、调节帐内湿度，以免湿度太大，引起腐烂。贮藏的容器最好用塑料筐或竹筐，装量距上口 8~10cm，以利气体流通。码筐时，筐与筐之间、筐与帐膜内壁之间都要留有间隙，筐下用消过毒的砖或木架支撑。筐与地面的距离一般为 5~10cm，筐下用饱和的高锰酸钾溶液浸泡。每隔 4 天检查 1 次。该法贮藏菜用大豆，保鲜期一般为 20~30 天。伍新龄等使用不同的微孔保鲜膜和 PE 保鲜膜对鲜食大豆进行包装，发现 0.03 mm PE 膜在鲜毛豆贮藏运输过程中的保鲜效果最好，且 O_2 和 CO_2 体积分数平衡值分别为 16%~17.5% 和 4.3%~5.8% 时，能够更有效地减缓腐烂进程。气调贮藏是鲜菜用大豆保鲜使用最广泛的手段之一，随着气调保鲜贮藏技术的日趋成熟，对鲜菜用大豆的保鲜效果越来越好，贮藏时间越来越长，尤其以机械贮藏与气调贮藏相结合的方式效果最佳。但是气调库仍有占地面积大、成本高、对管理人员专业素质要求高等方面亟待改进。因此，将气调贮藏技术与更多技术相结合的方式进行保鲜贮藏仍是当下研究的热点。戴云云以鲜菜用大豆为实验材料，用不同预冷时机和气调贮藏相结合的方法，研究了 2 天常温货架期品质和生理生化的变化。试验结果表明，菜用大豆在常温货架期间，与其他处理相比，立即预冷结合气调处理能够更好的保持毛豆的色泽，抑制叶绿素下降且使呼吸作用变弱，纤维素减小增加量。比较豆荚和豆仁的贮藏，豆仁非常不耐贮藏。豆仁贮藏后豆表极易呈现黄斑，贮藏于 0℃ 温度下，状况可大为改善，但约贮存 1 周后，胚芽眼变黑，品质稍差。因此，若要使用豆仁，可以在低温状况贮藏豆荚，贮藏期间虽然豆荚外观变黄，但豆仁仍有极高的利用率。若能大约计算市场周转时间，3~4 天前剥壳，豆仁以小包装低温贮藏（温度必须接近 0℃）为好。菜用大豆的贮藏条件为：温度（0~1）℃（豆仁）、（5±0.5）℃（豆荚），氧气 4%~6%，二氧化碳 5%~7%，相对湿度 95%~98%。

第五节 菜用大豆的涂膜保鲜

果蔬的涂膜保鲜主要是将涂膜剂通过包裹以及喷涂的模式，在食物表层涂膜一层很薄、均匀并且具备通透跟阻断特性的薄膜，其能够有效减少果蔬表面跟空气的接触范围，并能够减少外界环境对于食品的污染跟损坏，减少果蔬失水、吸潮以及呼吸强度，借此来达到良好的果蔬保鲜效果。通过在涂膜中添加一些防腐剂的模式，还能够对微生物起到良好的抑制跟灭杀效果，借此获得抗氧保鲜的效果。近年来，涂膜在果蔬贮藏保鲜中的作用日益受到重视，它对于改善果蔬外观及内在品质，延长果蔬产品的贮藏期和货架期都有重要的作用，采后涂膜处理已发展为一项有效的现代贮藏辅助技术。在国外，可食性涂膜技术甚至有取代气调技术和自发气调技术的趋势。

一、涂膜剂的选择标准

涂膜剂主要指的是能够覆盖在食品表面，进行保质、保鲜以及防止水分蒸发的物质，涂膜剂的种类非常多，其中，虫胶以及蜂蜡等大多数涂膜剂都是天然形成的，并且具备价格低廉、原料简便以及应用简单的优势。在食品保鲜过程中进行涂膜剂的选择时，要求涂膜剂能够形成连续均匀的膜，并且能够在提升果蔬保险性能的基础上，有着良好的外观水平。此外，涂膜剂还需要无毒无异味，并不会在食物结合出现有毒物质，借此来保障果蔬的使用性能。目前，用于贮藏的可食性涂膜材料主要分为四大类。

脂类（LIPid）：主要包括蜡质、矿物油、植物油等。

树脂（Resin）：主要有虫胶和松香。

多糖类（Polysaecharide）：主要有纤维素、果胶、淀粉、壳聚糖等。

蛋白质类（Protein）：主要有大豆蛋白、玉米蛋白等。

这几类涂膜材料都是天然大分子物质，本身对人体无毒害作用，具有可食性，作为食品添加剂已有广泛应用。现在的涂膜技术一般是用多种涂膜材料混合，并添加表面活性剂、抗氧化剂、杀菌防腐剂，以控制膜的一些基本特性，既可抑制果蔬正常的生理活动，又使涂膜的果蔬产品不会由于气体成分不适而产生厌氧呼吸。而其中加入的调节物质，还能起到了防止果蔬失水干耗，抑制微生物活动的作用。因此，用复合涂膜处理已在新鲜果蔬及鲜切果蔬产品贮运保鲜上得到了较多应用。

二、涂膜的主要作用

涂膜的方法一般是先配制成溶液（其中，加入一定比例的表面活性剂、抗氧化剂、防腐剂等），乳化后直接浸果或喷涂，之后晾干即可，这种方法已取得了较好的保鲜效果。涂膜的主要作用如下。

1. 抑制呼吸作用

采用可食性涂膜可使每一个涂膜产品处于一种气调包装的环境，而通过添加增稠剂改变涂膜厚度的方法，使膜有一个合适的透气率，能使产品内部保持适当的低 O_2 和高 CO_2 含量，从而抑制产品的正常呼吸，又不会产生发酵等异常变化。

2. 减少乙烯释放

用可食性涂膜处理的果实，乙烯的释放速率大大降低，甚至有些涂膜番茄的乙烯含量测不出来，从而延缓了衰老、提高了果蔬产品的保鲜效果。可食性涂膜能抑制乙烯的生物合成，从乙烯合成途径上来看是由于涂膜隔绝了氧气，使乙烯合成前体 ACC 通过 ACC 氧化酶转化为 CZH_4 的反应受到抑制，从而减少了 CZH_4 的合成。

3. 保持营养成分和品质

果蔬正常的生理代谢中要消耗大量的营养成分。由于涂膜之后果蔬产品的呼吸速率大大降低，生理代谢受到抑制，因而果蔬中可溶性固形物、维生素 C、有机酸等营养物质得以最大限度地保留。

4. 降低水分散失

水是保证细胞正常生理功能,保持果实新鲜品质的必要条件。采后果蔬仍继续着蒸腾作用,造成果蔬的失重和失鲜。因此,果蔬保鲜首先就是要保水,而采用涂膜处理可减少果蔬水分散失,保持果蔬较高含水量,维持果蔬内在品质。涂膜对防止鲜切果蔬失水具有更重要的作用,这是由于鲜切果蔬经过去皮、切分处理,外部组织遭到破坏,其内部水分更易散失,水分的散失不但使其自重减轻,而且使产品丧失商品性。

5. 防止果蔬褐变

PPO、POD、PAL 都是果蔬产品褐变的关键酶,它们活性的提高会引起果蔬产品褐变加重。涂膜可以防止水分的散失并抑制与褐变相关酶活性,从而减轻了褐变程度。由于涂膜防止了水分散失,尸从而对于防止鲜切菜的褐变也有很好的效果。

6. 减轻冷害症状

果蔬对冷害表赢凹陷的症状,蒸腾失水会促进凹陷的发生。而可食性涂膜使每个单一的果蔬建立了新的封闭包装环境,使蒸腾的水分集中于包装之内,形成了一个高湿的环境,防止水分蒸发,从而减轻冷害(凹陷)的发生。

7. 提高细胞膜的稳定性

这表明涂膜可保持果实细胞膜的完整性,从而起到了保鲜的效果。脂氧合酶在生物体内普遍存在,它对果蔬产品的颜色、风味和营养都有影响,更重要的是它也可催化膜脂的过氧化作用,从而促进成熟衰老。

8. 防止果蔬腐烂

为了达到良好的保鲜效果,可食性涂膜溶液中除了有相应的成膜材料之外,还添加了防腐剂,以抑制、杀灭酵母、真菌、细菌,防止果实在贮藏期间的腐烂变质。

而除了这些防腐剂的作用外，近年来，许多学者研究发现，可食性涂膜材料特别是壳聚糖本身对于果实的防腐有很好的作用。壳聚糖是一种从甲壳类动物中提取的氨基多糖，由于它具有良好的成膜特性，同时，对某些病原菌生长有直接的抑制作用并能诱导植物的抗病性，因而采用壳聚糖涂膜处理以保持果蔬品质和减少腐烂的发生，已日益受到重视。南京工业大学的郑永华研究组采用 1.0% 和 1.5% 壳聚糖处理可显著抑制菜用大豆的呼吸强度、蒸腾失水、PPO 及 POD 活性，抑制豆荚膜透性、MDA 含量的上升和叶绿素、维生素 C 及还原糖含量的下降，从而起到延缓豆荚衰老和品质下降的作用。壳聚糖的这种作用可能与其成膜特性有关。果蔬经壳聚糖处理后可在表面形成一层无色透明的薄膜，限制果蔬与大气的气体交换，使果蔬内部形成一个低 O_2 和高 CO_2 的微环境，从而抑制呼吸作用、乙烯产生及膜脂过氧化等需氧生理生化过程，抑制产品蒸腾失水，延缓维生素 C、叶绿素、糖等营养成分的氧化分解，保持果蔬品质，减少豆荚腐烂发生，从而延长贮藏期。

第六节　菜用大豆的化学保鲜

　　化学保鲜因其具有设备投资小、节能降耗、简便易行等明显优势而被广泛采用。除了上述介绍的涂膜保鲜剂，目前主要的化学保鲜剂还有植物生长物质、食品添加剂、天然植物提取物等。通过各方面的研究，不同的保鲜清洗剂都有较好的杀菌效果，在抑制菜用大豆贮藏病害和腐烂变质方面有良好的效果，在贮藏期间蛋白质、维生素 C 和必需氨基酸保持较高的含量。使用保鲜剂可以提高鲜菜用大豆贮藏后的品质，可以有效延长鲜菜用大豆冷藏贮存的时间。

植物生长物质

植物生长物质是指调节植物生长发育的物质，包括植物激素和植物生长调节剂。随着植物激素研究的深入和农林业生产的需要，人们合成并筛选出了多种植物生长调节剂。一类分子结构和生理效应与植物激素类似，如吲哚丙酸、吲哚丁酸等；另一类结构与植物激素完全不同，但具有植物激素类似生理效应的有机物，如萘乙酸、矮壮素、三碘苯甲酸、乙烯利、多效唑等。植物生长调节剂能在低浓度下对植物生长发育表现出明显的促进或抑制作用，它们已被广泛应用在促进种子萌发、控制性别、延缓衰老和防止脱落等方面。

1. 植物激素

果蔬体内激素包括促进细胞生长的激素如生长素、赤霉素和细胞分裂素等，这些激素在果实发育初期有促进生长抑制成熟衰老的作用。而脱落酸和乙烯是促进果蔬成熟衰老的主要激素。人为地调节外源的植物生长激素，是能够延缓植物衰老的有效手段，但因在食品安全性方面存在争议而在食品保鲜上并不被经常采用。生产上根据乙烯等植物激素促进果蔬成熟衰老的机理，研究其合成途径及作用机制开发出多种保鲜方法。以乙烯为例，为了控制乙烯对果蔬采后的促衰作用，研究开发了乙烯生物合成抑制剂、乙烯作用抑制剂和乙烯吸收氧化剂。首先利用控制乙烯合成过程中的关键酶，即 ACC 合成酶和 ACO 氧化酶这 2 种酶来控制乙烯的合成。

2. 植物生长调节剂

植物生长调节剂种类很多，一般根据生理功能的不同，分为3 类：植物生长促进剂、植物生长抑制剂和植物生长延缓剂。其中，后 2 类在果蔬采后贮藏保鲜中应用较多。

植物生长促进剂用于果蔬采后贮藏保鲜的主要有 6-苄基腺

嘌呤和2,4-二氯苯氧乙酸,两者可以起保鲜防衰、抑制后熟、防止脱落等作用。

植物生长抑制剂有天然的和人工合成的2类。水杨酸(SA)及其类似物是用于果蔬采后贮藏保鲜的主要天然生长抑制剂,可延缓果实的后熟、衰老。人工合成的植物生长抑制剂主要用于蔬菜的采后抑芽上,较常用的有马来酰肼、α-萘乙酸甲酯和氯苯胺灵。MH化学名称是顺丁烯二酸酰肼,商品名称为抑芽丹或青鲜素,是较早用于块茎类抑制发芽的化学物质,可以用来防止鳞茎和块茎植物如贮藏期发芽。CIPC属于高效、低毒、低残留药剂,且使用后随时可以食用,对人体健康没有影响。

植物生长延缓剂是二甲胺琥珀酰胺酸,又名比久(B_9)。B_9能抑制内源赤霉素和生长素的合成,从而抑制采摘后白灵菇生长,保持白灵菇的硬度,延长保鲜贮藏时间,但研究发现B_9有致癌的危险。因此,目前B_9在很多国家被限制在食用作物上使用。

3. 食品添加剂

食品添加剂多为化学合成品,是指为改善食品品质和色、香、味以及为防腐和加工工艺的需要而加入食品中的化学合成或者天然物质。它可以起到提高食品质量和营养价值,改善食品感观性质,防止食品腐败变质,延长食品保藏期,便于食品加工和提高原料利用率等作用。果蔬贮藏保鲜中常用的食品添加剂有抗氧化类,如维生素C、异维生素C及防腐类如苯甲酸钠、山梨酸钾、没食子酸丙酯等。这些物质按照相关标准使用基本上都没有为害,但过量使用这些物质会为害人体健康,使人体诱发多种疾病。国家针对食品添加剂用量制定了相关的标准,但添加剂中毒性的叠加等始终让消费者存在隐忧,食品安全国家标准食品添加剂使用标准(GB 2760—2014)关于新鲜果蔬的添加剂标准水平,如表8-3所示。

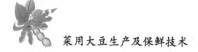

表8-3　菜用大豆食品添加剂的标准水平

添加剂名称	功能	最大使用量（g/kg）	食品分类号	备注
山梨醇酐类物质	乳化剂	30	04.02.01.02	
聚二甲基硅氧烷及其乳液	被膜剂	0.0009	04.02.01.02	
硫代二丙酸二月桂酯	抗氧化剂	0.2	04.02.01.02	
2,4-二氯苯氧乙酸	防腐剂	0.01	04.02.01.02	残留量≤20mg/kg
对羟基苯甲酸酯类及其钠盐	防腐剂	0.012	04.02.01.02	以对羟基苯甲酸计

4. 天然植物提取物

天然植物提取物对果蔬进行保鲜，可以减少化学合成品对人类健康的不良影响，并有效防止植物病原菌的抗药性。能够应用到果蔬贮藏保鲜中的天然植物提取物主要是天然香辛料和部分中草药，天然香辛料的活性成分大多是挥发性精油，主要通过作用于微生物的细胞膜或者能量代谢途径达到抗菌效果柑橘属的果皮精油（特别是未成熟精油），对柑橘类水果的指状青霉和意大利青霉等青绿霉病的病原菌有很强的抑杀作用；樟属植物的根、茎、枝叶富含精油，内含大量的桂酚、龙脑、1,8-桉叶油素等，均具有抑杀微生物活性的作用。中草药中含有杀菌成分，并有良好的安全性和成膜特性。魔芋提取液、高良姜煎剂、鞭打绣球多糖天然果蔬保鲜剂、雪鲜保鲜剂等有助于对果蔬的保鲜。出于对食品安全和化学保鲜剂的毒性及残留的考虑，目前这方面的研究日趋增多。现在应用比较广泛的植酸，作为一种毒性极低的保鲜剂对黄瓜、菠菜、香菜等均具有良好的保鲜效果，黄瓜保鲜液宜用浓度为0.6%的植酸，绿叶类蔬菜宜用0.05%~0.10%的植酸。但是天然植物提取物的提取及大批量生产还存在纯化技术复杂、药效鉴定难和成本较高等问题，广泛应用尚待时日。

保鲜剂处理可以通过降低果蔬表面的微生物数量和活性或者

抑制乙烯的生成和作用，来达到延长果蔬贮藏期的目的，对于市场销售而言，可以较好地延长鲜销期。将菜用大豆浸入 0.05%浓度的苯甲酸钠溶液 1 分钟左右，捞出置于 0.05% 浓度的水杨酸溶液 1 分钟左右，然后捞出铺开冷风吹干（一定要用冷风吹干）。装入 500g 装的塑料盘，外用食用薄膜包装。放入温度为（5±0.5）℃，相对湿度为 95%~98% 的冷库贮藏。王阳光研究了一种鲜毛豆的保鲜方法：先将毛豆浸入 0.5% 的苯甲酸钠溶液，再置于 0.5% 的水杨酸溶液，自然风干表面的溶液，用食用薄膜包装后放入冷库贮藏。结果表明，经过保鲜剂处理的菜用大豆，在 5℃ 以下的温度条件下，贮藏期可延长至 45 天。高佳等为延长鲜菜用大豆的货架期，研究了次氯酸钠溶液对鲜毛豆荚的清洗杀菌效果。通过试验表明，次氯酸钠溶液清洗处理能显著降低毛豆荚表面微生物的数量，延长贮藏时间。但是较高剂量的次氯酸钠会加速毛豆荚的腐烂。因此，需要控制次氯酸钠的有效氯浓度为 250 mg/L，结合气调贮藏，可以有效延长产品保质期。黄月琴等研究了 1-甲基环丙烯（1-MCP）、茉莉酸甲酯（Me-JA）和壳聚糖 3 种保鲜剂在低温条件下对鲜毛豆的保鲜效果。结果表明，1.5% 壳聚糖涂膜保鲜的豆荚保水性最好，失重率和腐烂率最低；1μmol/L 的 1-MCP 处理的豆荚叶绿素损失量最小；10μmol/L 的 Me-JA 处理的大豆的维生素 C 和蛋白质保留率最高。

第九章 菜用大豆栽培技术问答

第一节 菜用大豆在棚室栽培成败的关键

1. 选择适宜品种

棚室栽培要选择直立性好、丰产、豆荚大、籽粒圆、叶片大小适中、叶色浓绿、抗寒和抗病能力强的品种。

2. 合理安排茬口

菜用大豆喜温暖，不耐寒冷。棚室栽培作为秋延后和春提前栽培，产量高、效益好。北方越冬栽培困难较大，黄河流域可在日光温室设备好的情况下搞冬茬生产。

3. 培育壮苗

菜用大豆秋茬以直播为主，早春在温室、大棚或小拱棚要育苗移栽，才能提早上市，必须要适龄壮苗才能取得较好的产量和经济效益。

4. 施足有机肥，精细整地

棚室栽培是菜用大豆在逆境条件下生长，必须多施有机肥，提高土壤有机质含量和土壤肥力，根在透气性好的土壤中生长发育良好，才能在低温、弱光条件下缓慢生长。精细整地，使土地平整，减少灌溉积水，造成局部湿度过大而发生病害。

5. 加强水肥管理

除了给予适宜的温度条件外，水肥管理非常重要。前期以控制营养生长少浇水，中后期为促进多结荚而加大肥水管理，给菜用大豆高产提供足够的水肥条件。

6. 病虫害要早发现，早防治

棚室菜用大豆产量受到影响的主要因素之一是病虫害，防治病虫害要早，在初发病期抓好有利防治时机，防治晚会造成减产或绝收。

第二节　菜用大豆发芽期、苗期的管理要点

1. 发芽期管理要点

菜用大豆从播种到两片初生真叶展平为发芽期。菜用大豆种子发芽的适宜温度为 15～20℃，30℃发芽速度快，但幼苗生长弱。发芽温度下限为 6～7℃。在 17℃适宜温度条件下，发芽期需 10～12 天，10℃左右的情况下需 22～25 天才能完成。棚室栽培，发芽期尽量保证适温，缩短发芽期、才能提早上市，有较好的经济效益。

菜用大豆发芽期需要足够的水分。一般发芽前种子吸水量是种子本身的 1～1.5 倍。播种时土壤墒情不好，种子浸泡时间短，都不能很好发芽。若种子吸足水后，土壤含水量过多，氧气少、地温低，容易引起烂籽。直播或育苗移栽时，地温要适宜，土壤墒情要好，才能培育壮苗。

子叶出土后，1～2 天可变成深绿色，即能进行光合作用，制造有机物质供应胚芽和幼根生长所需。这一段管理主要防止下胚轴过高，出现倒苗现象。要多放风排湿，降低白天和夜里的空气温、湿度。最低气温可忍耐 -2～-1℃ 低温。

2. 苗期管理要求

菜用大豆下胚轴粗短是壮苗的标志。幼苗出现第一复叶时称为 3 叶期。以此为界，苗株生长速度逐渐加快，无限型植株第二复叶展平时开始分化花芽，并在主茎基部分化枝芽。有限生长型

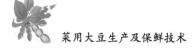
的植株花芽分化较迟。抽生分枝后，主茎生长和叶面积扩展速度比较快。

幼苗根系生长速度比地上部快。为了促使根群向土壤深层发展，在管理中应适当控制浇水，土壤相对湿度为60%~65%较为适宜。这一时期幼苗吸收磷的数量大，主要供苗株生长和根瘤繁殖发展。

苗期生长中心是根、茎、枝、叶片的全面发展，发展为强健的吸收器官和同化器官。苗期养分充足，才能形成较多的花芽，并使其顺利发展成健全花蕾。

棚室苗期管理适温为20~25℃，此期耐寒能力明显比真叶展开前差，一遇霜冻，即会死苗。

第三节　菜用大豆开花结荚期、灌浆鼓粒期应注意的问题

1. 开花结荚期

菜用大豆从花芽分化到开花25~30天，有限生长型的植株主茎长到成株高度的一半以上时，上部开始开花。无限生长型的植株从主茎基部第二节或第三节起先开花，以后逐渐向上开花。

菜用大豆花芽分化时期适温为20℃，开花适温为25~28℃，开花结荚期适宜的土壤相对湿度为70%~80%。从初花到盛花期，条件适宜时，植株生长很快，在结荚盛期达到高峰。这时吸收的肥料和水分最多，光合作用强，生产的同化物质除主要供开花结荚外，还要供枝、叶生长。阳光强、肥力足、温度管理适宜时，植株生产的有机物质多，运转速度快，能形成大量的花、荚和枝叶，是菜用大豆丰产的关键。

棚室栽培在开花结荚期间，有一部分花蕾、花和幼荚脱落，脱落率高低对产量影响极大。花朵脱落率一般占总花数的40%~

60%，花蕾和幼荚脱落比花朵少。同一植株，着生在主茎的花、荚比着生在侧枝上的花、荚脱落率低。在同一花轴上，上部的花、荚比下部的脱落多。脱落的主要原因是营养物质供应不足，凡得不到足够养分的花、荚，发育中途死亡，发生离层脱落。土壤过于干旱或积水缺肥、温度过高或过低、栽培密度过大、植株徒长造成倒伏、通风不良，以及病虫害严重等，都会增加落花、落荚的数量。要针对原因进行预防。开花结荚盛期，喷洒浓度为20~30mg/kg 的四碘苯氧乙酸，可减少花、荚脱落，并增加种子的千粒重。

2. 灌浆鼓粒期

菜用大豆开花受精后，其子房壁逐渐发展成豆荚，初期的长度增加较快，密度增加较慢。当荚的宽度停止发展时，种皮已经形成。接着是胚和子叶的发展充实。这时叶片中制造的同化物质主要输送到种子内，使种子里的糖类、蛋白质和脂肪含量逐渐增高，含水量减少。当种子已经饱满而种皮尚保持绿色时为菜用大豆采收适期。

在灌浆鼓粒期，要有充足的光照和健全的叶片，保证同化面积大、光合效率高。同时，要供给足够的水和磷、钾元素，使叶片中制造的有机物质能迅速地运转到种子里。在生产上，给予适宜的温度条件，着重施用磷、钾肥，及时浇水，防止植株倒伏，尽量推迟叶片的衰老。还要及时防治病虫害，保护叶和荚。在此期间，有的种子因得不到足够的养分而不能正常发育，成为秕粒，不仅降低产量，而且影响品质。秕粒出现多的位置大多在豆荚基部或中部，也有全荚种子不发育的秕荚。采取合理的技术管理措施，鼓粒期经常擦净棚膜，使其多进光照，增加叶片光合能力，提高植株的净同化率、可以减少秕粒或秕荚。

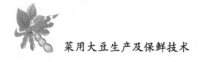

第四节　菜用大豆棚室栽培的肥水管理

菜用大豆棚室生产的季节不同，对肥水要求也不尽相同。总的来讲，有机肥对菜用大豆根系生长、植株生长发育都具有良好的作用，特别是日光温室的早春茬栽培。充足的有机肥，对提高地温和土壤透气性、增加根系活力有一定作用。一般每亩施有机肥 5 000kg 以上为好。

化学肥料中，氮肥和磷肥配合，增产效果最为明显。有关专家作过试验，氮肥中铵态氮比硝态氮作用好。磷肥在苗期施用效果更好。

菜用大豆追肥的重点是开花结荚期，其次是苗期。在豆苗幼小时根瘤菌尚未很好发挥作用，为了促进根系生长和提早抽生花枝，需及时追施一些氮磷肥，一般亩用氮素化肥 2.5～5.0kg 和 10kg 左右过磷酸钙混合追施，或人粪尿 100～200kg，肥料要加水稀释，用量不可过多，避免抑制根瘤菌的发展。开花结荚期是毛豆吸收氮、磷等元素的高峰期，追肥宜在开花初期开始追，每亩追施尿素 20～25kg。可叶面喷洒磷酸二氢钾，每 10 天喷 1 次，连喷 2～3 次。微量元素钼有提高菜用大豆叶片叶绿素含量、促进蛋白质合成和增强植株对磷元素的吸收等作用，用 0.01%～0.05%的钼酸铵水溶剂喷洒叶面，可减少花、荚脱落，加速豆粒膨大，增产效果显著。

菜用大豆的叶片大，叶数多，蒸腾量大，每形成 1g 干物质需吸收 600～1 000g 水，在幼苗期保持较小的土壤湿度，促进根系向深层土壤发展，促进植株生长。在开花结荚期要加强浇水，保持土壤见干见湿。土壤水分过多，氧气少植株生长不良。一般结合追肥浇水，更有明显效果。

棚室在浇水后注意加强通风，防止空气相对湿度过大引发病害。

第五节 防止棚室菜用大豆大量落花落荚

棚室菜用大豆落花落荚的主要因素有很多，根据栽培。常见落花落荚的原因有以下几项。

（1）密度大，枝叶过于繁茂。菜用大豆种植密度过大，加上水肥充足，植株营养生长过旺，生殖生长抑制，造成落花落荚。

（2）微量元素缺乏，有关专家认为，菜用大豆栽培缺硼、钼元素等都会引起落花落荚。

（3）土壤过于干燥，菜用大豆耐旱，但在土壤缺水时，植株营养供应不上，造成落花落荚。

（4）氮肥过多，土壤含水量过高，菜用大豆在氮肥过多、土壤湿度大时造成植株徒长，生殖生长不良，造成落花落荚。

防止的措施：合理密植，在植株过旺时，剪枝打老叶，加强通透性，可防止落花落荚。叶面及时喷洒微量元素，开花期用0.1%的硼砂和0.01%的钼酸铵混合喷洒，能减少落花落荚。及时浇水，防止土壤干旱，氮肥施量要合理，防止菜用大豆徒长是防止落花落荚的主要技术措施。另外，用四碘苯氧乙酸 $20\sim30\mu g/L$ 在开花期喷洒，能有效地减少落花落荚。

第六节 菜用大豆适时采收

菜用大豆的采收

菜用大豆以嫩荚为产品，及时采收可提高品质和产量。采收过早影响产量；采收晚了不但品质下降，还会由于种子的发育，需要较多的营养物质分配到新生部分，使花蕾和刚开花结部分的

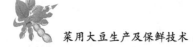

养分减少，造成落花落荚现象发生严重，同时促使植。

株衰老，影响后期产量。菜豆在其果实发育过程中，种子才充实起来。菜用大豆的适宜采收期是落花后 10~15 天采收嫩荚。气温较低，开花后 15~20 天采收；气温高，则开花后约 10 天采收。当豆荚由扁变圆、颜色由绿转为淡绿、外表有光泽、种子略为显露或尚未显露时即应采收。

豆荚的食用成熟度，还可根据豆荚的发育状态、主要化学成分的变化及荚壁的粗硬程度来判断。花后 5~10 天豆荚便明显伸长。作嫩荚食用的，在花谢后 10 天左右采收；作脱水和罐藏加工用的，产品规格要求严格，在花谢后 5~6 天采收粒用种在花后 20~30 天内完成种子的发育后采收。豆荚的化学变化主要是由淀粉转化为糖，而种子的成熟过程，是由糖转化为淀粉以及由非蛋白质的氮素合成为蛋白质，水分也渐渐减少，此种转化在采收以后及贮藏期间仍在继续进行。此外，豆中的纤维除缝线处的维管束外，还存在于中果皮的内层组织中，它最初为一层细胞所组成的薄壁组织，其后细胞的层数增加，纤维增多，使荚壁变得粗硬，所以，供食用的，宜在豆荚已基本长大、荚壁未硬化时采收。

菜用大豆的采收、分级、包装、贮藏和运输是菜用大豆生产栽培的延续，也是连接生产者和消费者的主要环节，只有及时而无损伤的采收，良好的包装，安全的运输，优质的贮藏保鲜技术，才能为市场提供优质安全的产品，达到菜豆生产的最终目的，进而获得良好的社会效益和经济效益。

一般来讲，矮性菜用大豆从播种至初收，春播 50~60 天，秋播约 40 天，采收期约 15 天，可连续采收 15~20 天或以上。蔓性菜用大豆春播，生育前期受低温影响，生长较慢，自播种至初收 60~90 天；秋播播种至初收 40~50 天，采收期 30~45 天或更长。

菜用大豆采收最好在早上或傍晚进行。早上采收豆荚不但含水量大、光泽好，而且温度低、水分蒸发量小，有利于减少上市或长途运输过程的水分消耗；中午或温度高时采收果实含水量低，品质差；傍晚采收豆荚品质好，枝叶韧性强，采收不易伤害植株。保护地栽培时阴雨天和灌水后也不宜采收，因为，此时设施内湿度大，甚至果面结露，有利于病菌的侵染和繁殖，采后果实在贮藏和运输过程中易发生病害。

1. 适宜的采收期

因品种而异，一般菜用大豆的豆荚和种子已经饱满而尚保持绿色、四周仍带种衣时采收，此时糖分高、品质好。提早采收的产量降低，采收过晚品质下降。一般是采摘绿色豆荚上市。也有些地区拔下植株摘除豆叶，连枝带豆一齐出售，称为"枝豆"。

棚室生产菜用大豆，采收时间应在早晨温度尚低时，豆荚本身温度低呼吸量小，可保持豆荚的新鲜程度，有人做过试验，早晨低温采收和下午采收的毛豆荚，过 24 小时，重量相差 4.3%，早晨采收基本不少，下午采收的损耗量大。

选无病虫植株的中下部荚作种。待茎叶枯黄，豆荚变褐色，豆粒干硬已脱离荚壁，摇动植株，可听到哗哗的种子响声，而荚未开裂时收获。整株拔起脱粒，过筛后充分晒干，种子含水量12%左右贮藏于干燥低温处。

2. 适期留种，保存得当

菜用大豆种子含有大量油分，在高温多湿的环境下容易减低生活力。种子在 20℃ 下失去发芽力，所以，为保证种子的发芽率，一般不采用春种夏收的种子留种，而在夏收后随即播种，秋季收获的种子留种栽培，供明年春季播种用。种子收获后经过一个冬季。没有经过长时间贮藏，也没有经过高温季节，种子饱满充实，适应性强，种子生命力强。但如能将夏季收获的种子充分干燥，保存得当，也能保证其发芽力。

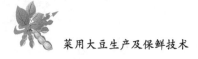

3. 异地繁殖留种

重复种植 3~4 年后会出现退化现象，要采用异地繁殖留种，使其更新复壮。

第七节　采用栽培技术，促使菜用大豆结荚充实饱满

菜用大豆从播种到第一朵花形成前，属营养生长阶段。在这一阶段，积累足够的营养物质是增加花数，减少落花落荚的基础，因此，在此时可追施 1~2 次氮素肥料，使植株生长旺盛。菜用大豆的开花结荚期 15~30 天，是全生育期中生长极旺时期。营养生长与生殖生长同时进行，根瘤生长也进入旺盛期，叶面积和干重急剧增加，氮素积累量占总量的 60%。这时若肥水不足，会限制根系的发育和大量营养元素的积累。故在植株进入结荚期后，追施较多的速效性氮肥（每亩施用人粪尿 1 000~1 500kg）和草木灰（每亩施用 100~150kg）。这样可保证菜用大豆结荚充实饱满。

后期还用 1%~2% 过磷酸石灰溶液进行根外追肥 1~2 次。钾肥缺乏，容易发生叶黄病，可施草木灰，硫酸钾来防治。摘心打顶可抑制生长，防止倒伏，提早成熟，增加产量，有限类型在初花期，无限类型在盛花期以后摘心。

第八节　菜用大豆产业化发展中应注意的问题

1. 增加科技投入，提高产品含金量

要提高菜用大豆的产业化水平，就必须注重把产业化发展转到依靠科技进步和提高农户素质的轨道上来，利用科技增加产量和改善品质。同时，要在新品种引进、选择和配套栽培技术以及

产后加工速冻、保鲜、贮运等方面加强研究。

2. 加强基地建设，建立稳定的种子生产基地

人们所说的"基地"有两重含义，一是菜用大豆生产基地；二是菜用大豆种子生产繁殖基地，主要强调后者。基地生产出的种子要规范管理，保证种子质量，种子的质量问题是良性循环的一个重要环节，因此，要建立稳定的繁育基地，需加强种子质量管理和仓储管理。另外，值得注意的是：我国的菜用大豆市场目前还主要在南方，而在我国南方地区高温、多雨、高湿的气候致使菜用大豆种子在储藏过程中生活力下降，且南方春季多风、多雨，不利于种子出苗，成为菜用大豆生产的一大障碍。因此，要加强南北联合，使北方成为南方地区早毛豆的种子生产基地，实现北繁南种，建立稳定的种子生产基地，从而增加公司效益，扩大生产规模，最终增加农民收入。

3. 掌握市场供求信息，合理调整种植结构和加工类型

发展菜用大豆生产要按市场规律办事，面向市场，适应市场，积极参与市场竞争，开拓市场，搞好流通是菜用大豆生产健康发展的根本保证。因此，一定要掌握国内外的市场供求信息，合理调整菜用大豆的种植结构，延长鲜菜用大豆供应周期，避免短时间内的供大于求。另外，可在供大于求的情况下转变加工类型，变鲜美为速冻或其他加工产品。

第九节　菜用大豆的发展策略

随着国外市场的进一步开拓，中国的菜用大豆生产将得到进一步发展。未来一段时间内，东南沿海地区仍是中国菜用大豆的主产区，而东北菜用大豆主产区河北方沿海地区将依靠其生产规模大、劳动力价格低的优势，逐步发展面向国际市场的菜用大豆生产，使中国菜用大豆产区逐步分散和北移。内地城市郊区的菜

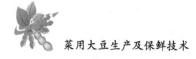

用大豆生产规模将随着城乡居民对健康食品需求量的不断增大而逐步扩大。

1. 品种改良

未来菜用大豆的育种目标应该在抗病、高产基础上，选择外观品质好、营养价值高、食用品质好的品种，这是今后工作的重点。例如，要重视鲜豆粒中可溶性糖，特别是蔗糖含量及游离氨基酸含量。此外，对大豆花叶病毒、潜叶蝇、蚜虫、豆螟等的抗性也需要关注，日本和亚洲蔬菜研究发展中心正讨论通过生物技术的方法选育抗病品种，特别是抗虫品种。

2. 栽培技术的改进

菜用大豆栽培的主攻目标是高产、优质及周年化。技术方面首先要研究掌握各品种最佳施肥、灌溉的时期，所用肥料的最佳配比，尤其是钾肥的应用及最佳播期和栽培密度；其次是栽培模式，从露地到小拱棚和大中棚覆盖等多种模式的探索，使菜用大豆的生产周年化；最后是菜用大豆与不同作物间的最佳轮作套种系统的建立，以达到低成本、高效益。此外，发展有机菜用大豆生产，将是增加农民收入，加快市场销售量突破口，因此，要注重产地环境、生物有机肥、农家肥和生物综合防治病虫害的研究。

3. 采收技术的改进

菜用大豆的采收时期和采收技术对其品质的影响极大。目前生产中主要采用目测手段来决定采收期。进一步研究通过测定荚的长宽比、种子水分含量、含糖量和种荚厚度等即简易又较准确的方法。同时，发展机械化采收，以替代昂贵的人工采收，其技术关键是要求不落荚、不伤荚、不裂荚，保持其质量最好。

4. 良种繁育技术的改良

良种繁育技术的重点是建立严格的原种、原种的繁育隔离区，并研究建立自然条件优越的良种繁育基地，研究掌握品种的最佳播种时期、栽培密度、施肥水平及病虫害防治技术，同时，研究种衣技术。提高成苗率，减轻病虫为害，保持品种的种性。

5. 发挥菜用大豆鲜美生产的经济效益

菜用大豆鲜产理论上是鲜荚皮重和鲜百粒重两者之和，是百粒干重的数倍。菜用大豆的鲜荚产量高及较短的生育期，在生产中具有广阔的发展前景。菜用大豆鲜荚市场比干子粒高出 1~2 倍至更多，在种植菜用大豆时，只设必要的种子田，尽可能发挥鲜荚生产经济效益高的优势。

第十节　菜用大豆缺素所产生的症状

1. 菜用大豆为何会有缺素症状：

菜用大豆正常生长发育需要氮、磷、钾养分较多，其次为钙、硫、镁和微量元素钼、硼、锰等。自分枝期起，对氮的吸收与积累随着植株的增长而初步增加，鼓粒期达到最大；磷的吸收高峰在分枝期到结荚期，幼苗到开花期吸磷量不大，但对全生育期的影响很大；生育前期吸钾较多，结荚后吸钾达到高峰。花期喷施 0.1% 的硼砂、硫酸铜、硫酸锰水溶液可促进籽粒饱满，增加菜用大豆含油量。

2. 菜用大豆缺氮的症状

菜用大豆全生育期需氮量比相同产量的不谷类多 4~5 倍。菜用大豆缺氮植株生长矮小，分枝少，叶色淡呈浅绿或黄绿，尤其是基部叶片先黄。

3. 菜用大豆缺磷的症状

菜用大豆缺磷时，开花后叶片出现棕色斑点，种子小。严重时，茎和叶片均呈暗红色，根瘤发育差。

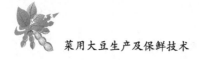

4. 菜用大豆缺钾的症状

菜用大豆容易缺钾，5~6片叶时即出现症状。中下位叶缘失绿变黄呈"金镶边"状。老叶脉组织突出皱缩，边缘反卷，叶柄变褐色。结荚稀，秕荚、秕粒多。

5. 菜用大豆缺钙的症状

菜用大豆缺钙时新叶不伸展，老叶有灰白斑点。叶脉棕色，叶柄柔软下垂。根暗褐色脆弱，呈黏稠状，叶柄与叶片交接处呈暗褐色，严重时，茎顶卷曲呈钩状枯死。

6. 菜用大豆缺镁的症状

缺镁时单叶展开期即显现，成株中下部叶先褪淡，后呈橘黄或橙红色，但叶脉保持绿色，叶脉间叶肉常微凸而使叶片起皱。

7. 菜用大豆缺锌的症状

菜用大豆缺锌时生长缓慢，叶脉间变黄，叶片呈柠檬黄色出现褪色斑点，逐渐扩大并连成坏死斑块，继而坏死组织脱落。

8. 菜用大豆缺硼的症状

菜用大豆缺硼时顶芽停止生长下卷，成株矮小微缩，叶脉间失绿，叶尖下弯，老叶粗糙增厚，主根尖端死亡，侧根多而短，根瘤发育不良。开花后脱落多，荚少，多畸形。

9. 菜用大豆缺钼的症状

菜用大豆缺钼时叶片厚而皱，叶色发淡，并出现许多细小的灰褐色斑点，叶片边缘向上卷曲，呈杯状；根瘤数量少，根瘤也小，生长发育不良。

10. 菜用大豆缺素的防治方法

菜用大豆所需的营养元素能否从土壤中得到满足，取决于土壤中营养元素的多少和植株根部环境状态。防治方法如下。

（1）微量元素拌种。用钼酸铵、硼砂拌种。每千克种子用钼酸铵3g、硼砂2g对热水0.1kg使其溶化，待晾凉后与种子搅拌和播种，可促使根瘤发育良好。

（2）施用底肥。底肥最好用农家肥，在播种前整地时施用。般每亩用农家肥3~4m³，或饼肥40~50kg。施肥原则上以磷肥为主，氮肥为辅，每亩施15kg克元复合肥或大豆专用肥25kg，随整地播种时施用。

（3）生育期追肥　生育前期施磷增加花数，后期施氮增加粒数。菜用大豆初花期前5天左右要重施一次追肥，每亩可施尿素5kg、磷酸二铵10~15kg、氯化钾10kg。追肥应结合中耕开沟条施对于无法施用底肥的田地，应在苗期及早追肥。在菜用大豆开花后依靠自身固氮能力已不能满足其快速生长发育的需求，且菜用大豆对磷敏感，所以，在作物生育后期要进行追肥和叶面喷肥，每亩用尿素500g、磷酸二氢钾150g、钼酸铵25g、硼砂75g，加水50kg混合喷洒，可提高菜用大豆开花结荚率。

第十章 菜用大豆防灾减灾应急技术

菜用大豆在我国主要农区均有种植，且多分布在自然条件相对较差的地区，种植在抗灾条件较差的地块上，因此，菜用大豆生长期间受自然灾害的影响比其他作物更为严重。菜用大豆常见的自然灾害有旱、洪涝、霜冻、冰雹等。

一、干旱及防灾减灾技术

干旱是菜用大豆生产中最主要的自然灾害。在我国北方春大豆区和黄淮海流域夏菜用大豆区都存在严重的干旱问题，南方多作菜用大豆区也经常受到季节性干旱影响。

在北方春菜用大豆区，干旱对菜用大豆生产的影响主要发生在播种期和生育后期。在黄淮海夏菜用大豆区，常因麦收后土壤水分不足，导致播期推迟，产量下降。

1. 播种期干旱的应对措施

（1）采用适当的抗旱保墒播种方式。北方春菜用大豆区未经秋翻地块采取原垄卡种，秋翻地块采取平播后起垄或平作窄行密植，土壤墒情较差地块采取深开沟、浅覆土、重镇压，并做到连续作业，防止土壤水分散失。严重干旱地块或地区，可采用垄沟播种、地膜覆盖等抗旱、保水措施。黄淮海夏大豆区可采用机械贴茬播种、秸秆覆盖等抗旱播种措施。

（2）适期早播，充分利用"返浆水"或麦黄水。北方春菜用大豆区要抓住春季地温回升的有利时机，利用"返浆水"抢墒播种播后及时镇压；黄淮海夏菜用大豆区要在小麦收获后尽快播种，充分利用麦黄水。

（3）选用良种。选用中小粒、抗旱、适应性强、增产潜力大的品种，杜绝越区种植。

（4）种子处理。在精选种子、做好发芽试验的基础上做好种子处理：一是播前晒种；二是药剂拌种或种子包衣。干旱时，种子在土壤中时间长，易遭受病虫害，可用菜用大豆种衣剂按药种比 1：（75~100）防治。

（5）应用化学处理剂。一是使用土壤保水剂。施用方式有土壤覆盖和作物根际土壤混拌 2 种方式。二是种子处理剂，包括种子抗旱种衣剂和种子药剂等。播种前用无机盐（$CaCl$、$NaCl$、$MgSO_4$ 等）、有机酸（黄腐酸、琥珀酸等）、乙醇胺或生长调节剂（赤霉素等）等处理种子，都可以在不同程度上取得抗旱增产的效果。三是应用抗蒸腾剂。根据抗蒸腾剂的性质及作用方式，一般分为 3 类：代谢型气孔抑制剂（甲草胺、二硝基酚等）、薄膜型抗蒸腾剂（CS6342、丁烯丙烯酸等）和反射型抗蒸腾剂（高岭土）。四是应用生长调节剂，如矮壮素、多效唑、脱落酸、黄腐酸等。生长抑制剂能促进根系生长发育，增强作物抗旱能力；脱落酸和黄腐酸具有抗蒸腾剂和生长抑制剂的双重特点，既能促进根系发育，又能在一定程度上关闭气孔，有显著的抗旱增产效果。

2. 菜用大豆生育后期阶段性干旱的应对措施

（1）合理施肥。增施有机肥，有机、无机肥合理搭配使作物生长健壮，增强作物根系的吸水功能，提高作物抗旱能力。

（2）节水灌溉。大力推广渠道防渗、管道输水、喷灌、滴灌、渗灌等节水灌溉技术，提高菜用大豆产量和种植效益。新疆农垦系统采用的膜下滴灌技术可水肥兼顾，根据菜用大豆生长发育需要进行灌溉，是值得大力推广的节水灌溉技术。

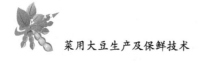

二、涝害及防灾咸灾技术

涝害包括水淹和渍害两种。水淹是指洪灾或大雨后作物浸泡在水中，地表有明水的现象；渍害发生在降水量偏多、排水不畅的地块，土壤较长时间处于水分饱和状态。渍害是淮河以南地区菜用大豆生产中的主要自然灾害，每年都会在局部地区发生生，雨水偏多年份会出现全流域性的渍害。夏、秋菜用大豆渍害多发生在花荚期以前，而春菜用大豆全生育期都有可能发生，且近年有增加趋势。在我国北方春大豆区和黄淮海流域夏菜用大豆区，低凹地也存在渍害问题，遇到雨水偏多年份，也会发生阶段性渍害。

菜用大豆遭受涝灾、渍害后，由于根根系缺氧，易造成烂根、烂叶、落花落荚，导致减产甚至死亡。此外，土壤渍害还会使病害加重，有时会形成大范围的次生灾害。据研究，菜用大豆花荚期受涝 2~10 天，就会减产 10%~40%。

1. 菜用大豆播种及苗期渍害的应对措施

（1）开沟作厢，沟渠配套。结合冬季农田水利建设，在改善灌溉条件的前提下，整地时开好厢沟、腰沟和围沟，厢沟深度要达到 25cm 左右，低洼地还要加深，要做到沟渠配套，降低菜用大豆田地下水位。

（2）及时排水。菜用大豆播种后如遇连阴雨天气，田间出现积水，要及时排出田间积水和耕层滞水，做到雨停厢面干爽。

（3）补苗、补种或改种。如田间积水时间较长，出现烂根、死苗，造成缺苗断垄，要及时进行查田补栽，缺苗严重的要及时补种或重种。灾情严重田块要抓住季节，及时改种其他作物。

2. 菜用大豆花荚期渍害的应对措施

（1）及时中耕松土。中耕可破除板结，防止沤根；同时，进行培土，防止倒伏。在地面泛白时，及时进行 1~2 次中耕，以散墒、除草。

（2）增施速效肥。在植株恢复生长前，用 0.2%~0.3%磷酸二氢钾溶液或 2%~3%过磷酸钙浸出液，加 0.5%~1%尿素溶液、天达 2116、氨基酸或"美洲星"等进行叶面喷肥；植株恢复生长后，再酌情进行根部追肥，适当增施磷、钾肥，提高植株抗倒能力。

（3）及时防治病虫害。及时进行田间病虫害发生情况调查，水排干后可用多菌灵等防治根腐病、霜霉病和炭疽病等病。

三、霜冻及防灾减灾技术

菜用大豆霜冻主要发生在苗期、鼓粒期。苗期霜冻会导致幼苗大面积死亡，造成缺苗断垄，严重田块要进行毁种。

1. 熏烟

用秸秆、树叶、杂草等作燃料，当气温降到作物受害的临界温度（1~2℃）时，选在上风向点火，慢慢熏烧，使地面笼罩一层烟雾，降低辐射冷却，提高近地面的温度 1~2℃。田间熏烟堆要布置均匀，在上风方向，火堆宜密集摆放，以利利于烟雾控制整个田面。此外，用红磷等化学药物在田间燃烧，形成烟幕，也有防霜效果。

2. 综合措施

选用抗寒品种，合理安排播种期以避过霜冻。加强霜冻后的田间管理。

四、冰雹及防灾减灾技术

冰雹一般为区域性偶发灾害，北方春菜用大豆产区常发生在大豆生育前期（一般在出苗到开花期），常有"冰雹打一线"的发生区域特点。冰雹对菜用大豆造成机械损伤，引起严重减产或绝收。

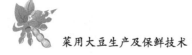

应对措施如下。

1. 做好雹灾预警

在经常发生冰雹的区域，一是收听天气形势预报，根据本地区地形判断是否有雹灾发生。一般来说，锋面、低压、冷涡、高空槽、切变线、副高后部、台风等天气系统，都有利于形成雷暴云，产生冰雹。二是注意本地各气象要素的变化情况，推测雹灾发生的可能性。绝对湿度值不断增大，多数超过月平均值时易发雹灾。三是参考群众经验加以判断农谚"冬春干旱冰雹多""久雨暴热有冰雹""夏季骤冷骤热下冰雹""红黄云上下翻，快要下冰蛋蛋""不怕云中黑，单怕云边红，最怕黄云下面生白虫（雹）""低云打架，冰雹就下"等，都有一定参考价值。

2. 人工防雹

人工防雹的方法有以下3种：一是用高炮或火箭将装有碘化银的弹头发射到冰雹云的适当部位，以喷焰或爆炸的方式播撒碘化银；二是用飞机在云层下部播撒碘化银焰剂；三是地面爆炸催化。具体办法是准确地识别雹源，将炸药包放在低凹处，进行地面爆炸催化。进行爆炸消雹时，必须和友邻地区联防协作，做到冰雹就地消失而不转移。

3. 加强对遭受雹灾农作物的田间管理

受雹灾后，若菜用大豆顶端或叶腋生长点没有被打毁，植株还留下部分叶子，就可以保留受灾菜用大豆田，增加中耕次数，及时追施速效肥，用0.2%~0.3%磷酸二氢钾溶液0.5%~1%尿素溶液2%~3%过磷酸钙浸出液叶面喷肥，也可用天达2116、氨基酸、"美洲星"叶面肥等；植株恢复生长后，再酌情进行根部施肥等栽培措施，促进菜用大豆的生长；对雹灾较重、基本绝收的作物，应立即改种其他早熟作物。

参考文献

董玉峰. 2016. 大豆主要虫害的防治要点 [J]. 中国农业信息 (24)：96.

樊智翔, 马海林, 安伟, 等. 2008. 风味优质菜用大豆晋豆 38 号及速冻加工工艺 [J]. 农业科技通讯 (10)：142-143.

付慧莲. 2017. 大豆病虫害防治方法 [J]. 农业开发与装备, 5：142-143.

谷建田, 范双喜, 宋学锋. 1997. 豆类蔬菜优质高产栽培 [M]. 中国农业大学出版社.

郭爱琴. 2015. 菜用大豆优质、高效、高产栽培技术研究 [J]. 华人时刊.

韩天富. 2002. 中国菜用大豆的种植制度和品种类型 [J]. 大豆科学, 21 (2)：83-87.

何孝东, 谢傅镜. 2016. 大豆病害发生趋势及防治技术 [J]. 农民致富之友, 24：73.

胡庆国. 2006. 毛豆热风与真空微波联合干燥过程研究 [D]. 江南大学.

胡新星. 2018. 浅谈涂膜剂在食品保鲜中的应用 [J]. 南方农业, 12 (22)：77-79, 82.

黄良, 刘全祖, 沈祖广, 等. 2018. 果蔬气调保鲜技术的发展现状 [J]. 农业与技术, 38 (03)：163-166.

江懿. 2016. 安徽省大豆主要虫害的识别与防治 [J]. 农业

灾害研究，6（08）：9-12，15.

李次力. 2008. 毛豆酸奶加工工艺的研究［J］. 食品科学，29（12）：797-800.

李大婧，卓成龙，江宁，等. 2010. 热风联合压差膨化干燥对苏 99-8 毛豆仁风味和品质的影响［J］. 核农学报，24（06）：1219-1225.

李大婧，卓成龙，刘霞，等. 2011. 不同干燥方法对黑毛豆仁挥发性风味成分和结构的影响［J］. 江苏农业学报，27（05）：1104-1110.

李大婧，卓成龙，刘霞，等. 2011. 微波烫漂和速冻加工黑毛豆仁挥发性风味成分分析［J］. 核农学报，25（05）：969-974，1003.

李惠彬. 1996. 毛豆（菜用大豆）速冻加工技术［J］. 农村实用科技信息（09）：19.

李文称. 2011. 保健蔬菜-菜用大豆［J］. 中国种业（08）：87-88.

李秀珍，李方舟，王军古，等. 2017. 菜用大豆保鲜储藏技术的应用研究［J］. 种子科技，35（09）：44-45.

李彦生. 2013. 菜用大豆食用品质形成及调控研究［D］. 东北地理与农业生态研究所.

刘春，吴海虹，朱丹宇，等. 2013. 即食毛豆温和加工栅栏因子调控研究［J］. 核农学，27（10）：1539-1546.

刘冠楠，常晓萍，赵增红. 2014. 果蔬涂膜保鲜技术的应用与发展［J］. 北京农业（21）：216.

刘璐璐，王洲婷，丁传波，等. 2014. 加工方法对毛豆中大豆异黄酮苷元含量的影响及其对糖尿病小鼠的降血糖降血脂活性研究［J］. 天然产物研究与开发，26（10）：1659-1663.

米小红, 樊智翔, 马海林, 等. 2004. 忻 (毛) 豆1号速冻加工工艺 [J]. 保鲜与加工 (06): 18.

任晨刚, 郭顺堂, 韩雅君, 等. 2004. 长货架期软包装即食配餐毛豆仁的加工技术研究 [J]. 保鲜与加工 (01): 27-29.

苏新国, 郑永华, 汪峰, 等. 2003. 贮藏温度对菜用大豆采后生理和品质变化的影响 [J]. 南京农业大学学报 (01): 114-116.

陶兵兵, 邹妍, 赵国华. 2013. 超声辅助冻结技术研究进展 [J]. 食品科学, 34 (13): 370-373.

仝瑶, 赵立艳, 汤静. 2018. 鲜毛豆保鲜与加工研究进展 [J]. 食品工业科技, 39 (21): 337-341.

王瑞英, 王圣健, 李振清, 等. 2008. 鲜食糯玉米穗与毛豆豆荚的速冻加工工艺流程 [J]. 安徽农学通报 (05): 76, 105.

王武全, 余鳞, 曾德志, 等. 2018. 大豆抗病、耐逆性的研究进展 [J]. 南方农业, 12 (15): 7-9.

吴冬梅, 严菊敏, 何会超, 等. 2012. 不同贮藏方式对菜用大豆外观和品质的影响 [J]. 大豆科学, 31 (01): 155-158.

吴建明, 陈怀珠, 杨守臻, 等. 2006. 菜用大豆贮藏保鲜工艺的研究与应用 [J]. 广西农业科学 (01): 81-83.

吴梅香, 许开腾. 2002. 福州郊区菜用大豆害虫的初步研究 [J]. 武夷科学 (00): 27-32.

徐海斌, 姜夕泉, 徐海峰, 等. 2005. 菜用大豆保鲜与加工技术 [J]. 保鲜与加工 (01): 44-45.

许韩山. 2008. 超声波对速冻毛豆仁品质的影响研究 [D]. 江南大学.

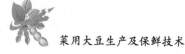

许韩山，张懋，孙金才. 2009. 超声波对毛豆浸渍冷冻过程的影响［J］. 食品与生物技术学报，28（06）：748-752.

薛秀丰. 2017. 大豆病虫害预防措施［J］. 农民致富之友，11：91.

杨桂馥. 1997. 冷冻食品的冻结技术及其发展方向［J］. 食品与机械（01）：4-6.

杨加银，张复宁，冯其虎. 1995. 出口用毛豆楚秀的栽培与加工技术［J］. 上海蔬菜（02）：38-39.

杨素丽. 2017. 大豆主要病害的发生与防治技术［J］. 农民致富之友，24：66.

张璟，麻浩. 2007. 超高压技术在菜用大豆和番茄汁保鲜贮藏中的应用研究［J］. 科技情报开发与经济（31）：123-125.

张秋英，李彦生，王国栋，等. 2010. 菜用大豆品质及其影响因素研究进展［J］. 大豆科学，29（06）：1065-1070.

张瑜，黄阿根. 2019. 毛豆杀青及香糟冷食毛豆加工工艺研究［J］. 美食研，36（01）：63-66.

张玉梅，胡润芳，林国强. 2013. 菜用大豆品质性状研究进展［J］. 大豆科学，32（05）：698-702.

赵瑞莫. 2009. 毛豆仁加工技术［J］. 农村新技术（16）：53-54.

赵喜亭，周颖媛，邵换娟. 2012. 化学保鲜剂在果蔬贮藏保鲜中的应用［J］. 北方园艺（14）：191-194.

郑庆伟. 2014. 八九月南方大豆常见虫害及防治技术［J］. 农药市场信息（21）：46-47.